Shopfloor Management Systeme zur zielgerichteten, systematischen Kompetenzentwicklung in der Produktion

Vom Fachbereich Maschinenbau
an der Technischen Universität Darmstadt

zur Erlangung des Grades eines Doktor-Ingenieurs
(Dr.-Ing.)

genehmigte

D i s s e r t a t i o n

vorgelegt von

Christian Alexander Hertle, M. Sc.

aus Langen (Hessen)

Berichterstatter:	Prof. Dr.-Ing. Eberhard Abele
Mitberichterstatter:	Prof. Dr.-Ing. Ralph Bruder
Tag der Einreichung:	19. Oktober 2017
Tag der mündlichen Prüfung:	19. Dezember 2017

Darmstadt 2017
D17

Schriftenreihe des PTW: "Innovation Fertigungstechnik"

Christian Hertle

Shopfloor Management Systeme zur zielgerichteten, systematischen Kompetenzentwicklung in der Produktion

D 17 (Diss. TU Darmstadt)

Shaker Verlag
Aachen 2018

Bibliografische Information der Deutschen Nationalbibliothek
Die Deutsche Nationalbibliothek verzeichnet diese Publikation in der Deutschen Nationalbibliografie; detaillierte bibliografische Daten sind im Internet über http://dnb.d-nb.de abrufbar.

Zugl.: Darmstadt, Techn. Univ., Diss., 2017

Printed in Germany.

ISBN 978-3-8440-5826-0
ISSN 1004-2179

Shaker Verlag GmbH • Postfach 101818 • 52018 Aachen
Telefon: 02407 / 95 96 - 0 • Telefax: 02407 / 95 96 - 9
Internet: www.shaker.de • E-Mail: info@shaker.de

Vorwort des Herausgebers

Shopfloor Management Systeme sind bereits seit Mitte der 1990er Jahre beschrieben worden, aber haben vor allem in jüngster Zeit stark an Bedeutung gewonnen. Studien zeigen, dass mittlerweile zwei Drittel der produzierenden Unternehmen in Deutschland Shopfloor Management nutzen. Dabei schätzen diese sowohl eine Verbesserung der Führungsleistung als auch von Kennzahlen in den Bereichen Ausbringung und Qualität.

Bisherige Arbeiten auf dem Gebiet des Shopfloor Managements vermissen eine ganzheitliche Betrachtung in Form eines Beschreibungsmodells. Darüber hinaus gibt es bisher kaum Arbeiten, die den Aspekt der Kompetenzentwicklung von Beschäftigten mit dem Shopfloor Management verbinden.

Die vorliegende Dissertation beschäftigt sich mit dem interdisziplinären Thema der Kompetenzentwicklung in der Produktion. Aufbauend auf einem ganzheitlichen Beschreibungsmodell von Shopfloor Management Systemen wird eine Methode zur systematischen Zuordnung von Problemen und Beschäftigten entwickelt. Die Dissertation zeigt dabei, wie diese Methode im Rahmen des Shopfloor Managements Probleme mit Problemlösungsteams verknüpft, so dass diese effektiv bearbeitet werden können. Gleichzeitig lassen sich damit Kompetenzen in der Produktion aufbauen und somit die Entwicklung der Beschäftigten unterstützen. Die Evaluierung bestätigt die Zielsetzung der Dissertation, nämlich Shopfloor Management Systeme um das Element der Kompetenzentwicklung von Beschäftigten zu erweitern und liefert damit einen wichtigen Beitrag zur Entwicklung der Führungsstruktur in der Produktion.

Diese Arbeit zeigt in einer interdisziplinären Art und Weise wie sich mithilfe von Shopfloor Management Systemen Kompetenzen in der Produktion gezielt entwickeln lassen und liefert einen wichtigen Baustein zur zukünftigen Entwicklung der Beschäftigten in der Produktion.

Darmstadt, im Februar 2018 Prof. Dr.-Ing. Eberhard Abele

Vorwort des Verfassers

Die vorliegende Arbeit entstand während meiner Tätigkeit als wissenschaftlicher Mitarbeiter am Institut für Produktionsmanagement, Technologie und Werkzeugmaschinen (PTW) der Technischen Universität Darmstadt. Sie ist das Ergebnis einer fünfjährigen Forschungsarbeit auf dem Gebiet des Shopfloor Managements.

Mein besonderer Dank gilt Herrn Prof. Dr.-Ing. Eberhard Abele für die wissenschaftliche Betreuung der Arbeit, das stets entgegengebrachte Vertrauen und die eingeräumten Freiheiten. Insbesondere seine stete Gesprächsbereitschaft, die konstruktiven Diskussionen sowie Anregungen haben zu einem erheblichen Teil zum Gelingen dieser Arbeit beigetragen. Herrn Prof. Dr.-Ing. Ralph Bruder danke ich für die Übernahme des Koreferats und die stets gute Zusammenarbeit im Rahmen des ZielKom-Forschungsprojekts.

Die Praxistauglichkeit der Arbeit basiert zu einem wesentlichen Teil auf Datenerfassungen und Erfahrungsaustausch in der Industrie. Ohne das Engagement der involvierten Unternehmen, die sich bereitwillig und offen an dieser Arbeit beteiligt haben, wären die gewonnenen Erkenntnisse nicht möglich gewesen. Diesen Unternehmen und Unternehmensvertretern gilt mein ausdrücklicher Dank.

Meinen Kolleginnen und Kollegen am PTW, die mich während meiner Institutszeit begleitet haben, gilt ebenfalls mein Dank. Insbesondere möchte ich bei den Kolleginnen und Kollegen der Forschungsgruppe Prozesslernfabrik CiP für die tolle Zusammenarbeit in den zahlreichen Lernfabrik-Seminaren sowie Forschungs- und Beratungsprojekten bedanken. Dabei gilt mein ganz besonderer Dank Siri Adolph, Judith Enke, Jens Hambach, Prof. Dr.-Ing. Joachim Metternich, Dr.-Ing. Stefan Seifermann und Dr.-Ing. Michael Tisch, die in vielen Diskussionen wertvolle Anregungen gegeben haben. Für die sorgfältige Durchsicht der Arbeit danke ich vor allem Matthias Geuckler, Jens Hambach und Dr.-Ing. Michael Tisch. Nicht zu vergessen sind die zahlreichen Studierende, die wertvolle Beiträge geliefert haben.

Mein herzlichster Dank gilt meiner Familie. Meinen Eltern für die stete Motivation und das Vertrauen in mich. Meiner Frau Kira nicht nur für die Unterstützung an vielen Wochenenden und das Korrekturlesen, sondern für ihren unbegrenzten Glauben an mich.

Ihr widme ich diese Arbeit.

Langen (Hessen), im Februar 2018 — Christian Alexander Hertle

Inhaltsverzeichnis

Abbildungsverzeichnis

Tabellenverzeichnis

Formelzeichen- und Abkürzungsverzeichnis

a_{ij}	Parametermatrix, die Beschäftigten Ist-Kompetenzen zuordnet
b	Bezeichnung eines Organisationsbereichs
c_i	Kostenkoeffizient der Auswahl x_i im Mengenüberdeckungsproblem
c_{ij}	Kostenmatrix der Auswahl x_i und y_j im Mengenüberdeckungsproblem
AUK	Aktivitäts- und Umsetzungsorientierte Kompetenz
BPMN	Business Process Model and Notation
FMK	Fachlich-methodische Kompetenz
IUF	Information über Ursachenfindung
K	Kompetenzen eines Produktionsteams aus der erweiterten Qualifikationsmatrix in Form eines Kompetenzprofils
K_j	Einzelne Kompetenz des Kompetenzprofils K
K_p	Teilmenge der Kompetenzen K bezogen auf das Problem p
KPI	Key Performance Indicator/ Leistungskennzahl
KPI_{Ziel}	Leistungsziel der Leistungskennzahl *KPI*
KVP	Kontinuierlicher Verbesserungsprozess
M_i	Beschäftigter i eines Teams
p	Aus einer Produktionsprozessabweichung identifiziertes und beschriebenes Problem
P	Aus der Problembeschreibung p definiertes Problemkompetenzprofil
PDCA	Plan, Do, Check, Act
PK	Personale Kompetenz
PM_k	Instanz k eines Problemlösemanagement Prozesses
PPA_i	Instanz i einer Produktionsprozessabweichung
PPL	Produktionsprozessleistung
q_{ij}	Qualifikationsparametermatrix

SKK	Sozial-kommunikative Kompetenz
SM_j	Instanz *j* eines Shopfloor Management Prozesses
t	Zeitpunkt Zeitraum
TP	Teilprozess
TPS	Toyota Produktionssystem
VBA	Visual Basic for Applications
$x_{Abweichung}$	Abweichungsbeschreibung einer Produktionsprozessabweichung *PPA*
x_i	Indikator zur Auswahl des Beschäftigten M_i (Problemlöser) im Mengenüberdeckungsproblem
$x_{Leistung}$	Leistungswert einer Produktionsprozessleistung *PPL*
$x_{Ursache}$	Informationen über die Ursachenfindung
y_i	Indikator zur Auswahl des Beschäftigten M_i (Lerner) im Mengenüberdeckungsproblem
z_{ij}	Parametermatrix, die Beschäftigten Ziel-Kompetenzen zuordnet

1 Einleitung

Die aus der schlanken Produktion bekannten Shopfloor Management Systeme werden bereits in vielen industriellen Produktionen eingesetzt [STAU16], um Beschäftigte am Ort der Wertschöpfung zu führen. Bisherige Beschreibungen fokussieren sich auf die Unterstützung der Wertschöpfungsprozesse (durch Erkennung von Abweichungen und Problemlösung), sowie auf die Auswirkungen der Wertschöpfungsprozesse auf die Unternehmensergebnisse (Visualisierung von Kennzahlen). Jedoch fehlt es an einer Beschreibung für ein systematisches Vorgehen zur Personalentwicklung im Rahmen des Shopfloor Managements. Um diese Lücke zu schließen, wird in der vorliegenden Arbeit ein Beschreibungsmodell von Shopfloor Management Systemen entwickelt, anhand dessen eine Methode zur systematischen Zuordnung von Problemen zur Entwicklung von Beschäftigtenkompetenzen abgeleitet werden kann. Dabei zeigt diese Arbeit, wie mithilfe der hierin entwickelten Methode im Rahmen des Shopfloor Managements Führungskräfte effektiv Probleme im Team lösen lassen können und gleichzeitig die Entwicklung der Beschäftigten unterstützen. Dabei ergänzt diese Methode Shopfloor Management Systeme um das Element der Kompetenzentwicklung von Beschäftigten und liefert damit einen wichtigen Beitrag zur Entwicklung der wichtigsten Ressource im Produktionssystem – dem Mitarbeiter.

1.1 Ausgangssituation und Problemstellung

Produzierende Unternehmen müssen den aktuellen Trends der Produktion – u. a. Globalisierung, Dynamisierung der Produktlebenszyklen und demografischer Wandel – begegnen, um auch zukünftig wettbewerbsfähig zu bleiben (vgl. Abbildung 1) [ABEL11d]. Dabei stellen insbesondere die Trends *Wissensgesellschaft* und *demografischer Wandel* besondere Herausforderungen an Unternehmen.

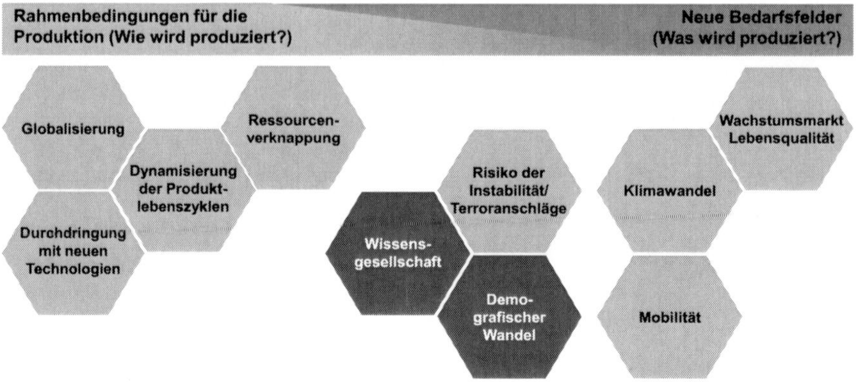

Abbildung 1: Megatrends für die Produktion i. A. a. [ABEL11d]

In der Produktionstechnik wächst das Wissen, aufgrund des stetigen Innovationsdrucks, exponentiell und kann durch Medien wie das Internet schnell und ortsungebunden abgerufen werden. Diese Fülle an Wissen muss jedoch beherrscht werden, so dass die Verinnerlichung und der Transfer von Wissen Herausforderungen für die Produktion darstellen. Beschäftigte in den Betrieben müssen den Wissenszuwachs bewältigen und sich auf ein kontinuierliches und lebenslanges Lernen einstellen, um den Anschluss im Wandel der Arbeitswelt nicht zu verlieren. Aber auch die Unternehmen müssen Lösungen finden, um das Wissen zu verwalten und ihre Beschäftigten zu qualifizieren sowie bei der Entwicklung zu unterstützen [ABEL11d]. Im Streben nach kontinuierlicher Verbesserung und Wettbewerbsfähigkeit kommen dabei insbesondere Problemlösungskompetenzen eine entscheidende Bedeutung zu [TISC14].

Aufgrund des demografischen Wandels werden den Unternehmen unabhängig von Qualifikationen bis 2035 ca. 18% weniger potentielle Erwerbstätige zur Verfügung stehen [ABEL11d]. Neben den erhöhten Anforderungen an die Arbeitsgestaltung hinsichtlich der Fähigkeiten und Bedürfnissen einer alternden Belegschaft, wirkt sich der demografische Wandel auch auf die Arbeitsorganisation aus [BRUD13]. Auch heute schon fehlen fähige bzw. qualifizierte Beschäftigte in der Produktion [CHRY13], so dass sich der Bedarf an Kompetenzentwicklungskonzepten verstärkt.

Aktuelle Trends wie die Vernetzung von Maschinen und Komponenten als Cyber-physische-Systeme und Industrie 4.0[1] zeigen jedoch keinen Ausweg auf, sondern bauen mehr denn je auf den Menschen als strategische Ressource [ABEL11d]. Dabei verschieben sich die Aufgaben von Beschäftigten in sogenannten „Smart Factories“ von ausführenden Tätigkeiten hin zur Steuerung und Programmierung sowie Störungs- und Fehlerbehebung [STRA14]. Die Bedeutung von fachübergreifendem Wissen wird zunehmen. Damit werden höhere Anforderungen bzgl. Komplexitäts-, Abstraktions- und Problemlösungsdenken an die Beschäftigten gestellt. So kann auch hier die Entwicklung dieser Kompetenzen als das zentrale Ziel zukünftiger beruflicher Aus- und Weiterbildung gesehen werden [STRA14].

Auch in der schlanken Produktion nimmt die Entwicklung der Beschäftigten eine wichtige Rolle ein [OHNO87], [WOMA91]. SUZAKI fasst die dahinterliegende Philosophie japanischer Produktionssysteme wie folgt zusammen:

> „Making people before making products.“ [SUZA93]

Hierbei gibt es im Rahmen schlanker Produktionssysteme diverse Ansätze und Methoden wie die Entwicklung von Beschäftigten und deren Kompetenzen unterstützt werden kann. So können mithilfe standardisierter sowie regelmäßig durchgeführter Einweisungen der Beschäftigten (engl. Job Instruction Training) besonders ausgeprägte Fähigkeiten und Fertigkeiten der Beschäftigten erreicht werden [LIKE06]. Des Weiteren lassen sich Problemlösekompetenzen durch Engagement in KVP-Workshops und Qualitätszirkel entwickeln [BRUN08]. Generell besitzt die Arbeit in Teams einen hohen Stellenwert in der schlanken Produktion, wobei Arbeitsgruppen auch einen zentralen Anlaufpunkt für die Lösung von Problemen darstellen [LIKE04]. Schließlich unterstützen Routine-Abläufen wie die Coaching- und Verbesserungs-Katas gleichzeitig kontinuierliche Verbesserungsaktivitäten in der Produktion, die Schulung von Beschäftigten sowie die Entwicklung der Organisationskultur [ROTH09].

Für all die beschriebenen Aktivitäten zur Entwicklung der Beschäftigten bietet die Shopfloor Management Methode einen zentralen Ausgangspunkt. Shopfloor Management sieht dabei vor, „[…] dass Führungskräfte ihre Managementaufgaben regelmäßig direkt am Ort der Wertschöpfung wahrnehmen und die operativen Mitarbeiter bei der kurzzyklischen Zielverfolgung einbinden sowie bei der täglichen Problemlösung vor

---

[1] Industrie 4.0 ist der Begriff für die vierte industrielle Revolution, die auf dem Internet der Dinge und Dienste aufbaut und beschreibt die Nutzung von autonomen eingebetteten Systemen in der Produktion, die drahtlos untereinander und mit dem Internet vernetzt sind. [KAGE12]

Ort aktiv unterstützen“ [DOMB14]. Durch die Einbindung der Beschäftigten in Problemlösungs- und Verbesserungsprozesse im Rahmen des Shopfloor Managements kommt es zu schnelleren Reaktionen auf Abweichungen und Störungen. Dabei sind Problembewältigung und Plan-Do-Check-Act (PDCA-)Themen des täglichen Shopfloor Managements, wodurch aus Fehlern direkt gelernt werden kann [HURT13]. LIKER betont, dass die Schulung herausragender Beschäftigter sowie die Bildung individueller Arbeitsgruppen das Rückgrat eines Lean-Management Ansatzes sein muss [LIKE04]. Shopfloor Management bildet eine gute Ausgangsbasis für beides.

Bei der Implementierung von Kompetenzentwicklungsaktivitäten im betrieblichen Umfeld stoßen Unternehmen immer wieder auf Hindernisse. So fehlt es häufig an der Motivation der Beschäftigten, es ist der Nutzen von Kompetenzentwicklungsaktivitäten nicht sofort erkennbar oder es fehlt schlichtweg die Zeit dafür [KAIL08]. Dies wirkt sich besonders auf die Nachhaltigkeit der Kompetenzentwicklungsaktivitäten aus. Weiterbildungsangebote außerhalb der regulären Tätigkeit oder Arbeitszeit können auf Ablehnung stoßen, wenn Beschäftigte nicht erkennen, wie diese sie persönlich weiterbringen oder wenn diese aus zeitlichen und räumlichen Gründen nicht zugänglich sind [ADAM02]. Außerdem muss es gelingen, „[…] die richtigen Mitarbeiter auf die richtigen Probleme anzusetzen […]“, um das Kompetenzportfolio der Beschäftigten zu erweitern [TISC14].

Für die vorliegende Arbeit ergeben sich somit die folgenden Fragestellungen:

- Wie lässt sich Kompetenzentwicklung (bzw. Entwicklung der Beschäftigten) mithilfe von Shopfloor Management in die täglichen Routinen in der Produktion integrieren, um zum einen Nachhaltigkeit zu sichern und zum anderen eine Integration in die Arbeitsabläufe sicherzustellen?
- Wie muss ein Vorgehen gestaltet sein (Methode), damit sich so Kompetenzen zielgerichtet und systematisch entwickeln lassen?

Um diese Fragen beantworten zu können bedarf es somit eines besseren Verständnisses des Systems Shopfloor Management, inklusive dessen Ziele, Elemente und Methoden.

1.2 Zielsetzung und Aufbau der Arbeit

Ziel der vorliegenden Arbeit ist die Entwicklung einer Methode zur systematischen Zuordnung von Problemen, um Shopfloor Management Systeme hinsichtlich einer zielgerichteten, systematischen Kompetenzentwicklung zu erweitern. Dies wird mithilfe eines neuartigen Vorgehens bei der Zuordnung von Problemen und Beschäftigten zu Problemlösungsteams realisiert. Dabei werden sowohl im Unternehmen vorhandene Kompetenzen zur Lösung des Problems, als auch zur Kompetenzentwicklung berücksichtigt. Darüber hinaus stellt die Arbeit ein Modell von Shopfloor Management Systeme vor, das an Umfang und Detailtiefe bisherige Beschreibungen übertrifft und anhand dessen die entwickelte Methode im Shopfloor Management einordnet werden kann.

Die Arbeit ist folgendermaßen gegliedert (vgl. Abbildung 2): Zuerst wird der Stand der Forschung zur schlanken Produktion aufgearbeitet (vgl. Kapitel 2.1). Im anschließenden Stand der Forschung zu Shopfloor Management werden zum einen bekannte Shopfloor Management Ansätze vorgestellt, als auch auf die wichtigsten Methoden und Werkzeuge eingegangen (vgl. Kapitel 2.2). Das Kapitel schließt mit einer Aufarbeitung des Themas Kompetenzentwicklung in der schlanken Produktion (vgl. Kapitel 2.3). Daran anschließend konkretisiert Kapitel 3 die Zielsetzung der Arbeit und beschreibt dabei die Forschungsziele und -konzeption (vgl. Kapitel 3). Unter Berücksichtigung der analysierten Literatur aus Forschung und Praxis wird in Kapitel 4 ein Modell für das soziotechnische System[2] Shopfloor Management entwickelt. Nach der Entwicklung und Validierung des Modells wird aufbauend auf den daraus resultierenden Erkenntnissen die Methode zur systematischen Zuordnung von Problemen an Problemlösungsteams entwickelt (vgl. Kapitel 5). Abschließend erfolgt eine Evaluierung der Methode anhand von Feldstudien (vgl. Kapitel 6), sowie eine Zusammenfassung und Ausblick (vgl. Kapitel 7).

[2] Systeme können nach der Art ihrer Elemente unterschieden werden. Sind ausschließlich Maschinen Elemente des Systems, so spricht man von einem technischen System. Werden dagegen lediglich Menschen in einem System betrachtet, so spricht man von einem sozialen System. Die Verknüpfung beider Systemarten ergibt ein sozio-technisches System, welches durch das Auftreten von Mensch-Mensch, Maschine-Maschine und Mensch-Maschine Beziehungen gekennzeichnet ist. [REFA94]

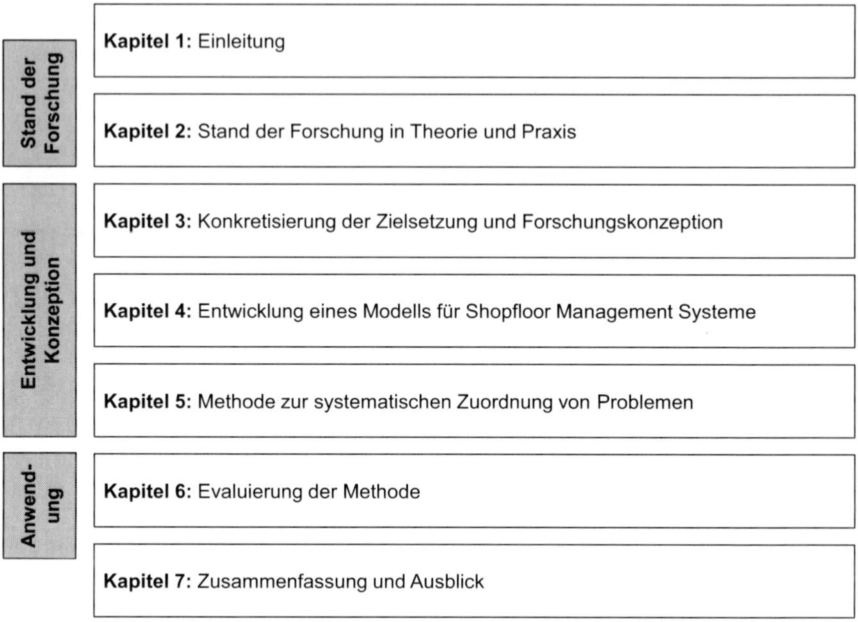

Abbildung 2: Aufbau und Vorgehensweise der Arbeit

2 Stand der Forschung in Theorie und Praxis

Zum besseren Verständnis der in dieser Arbeit entwickelten Shopfloor Management Systeme zur zielgerichteten, systematischen Kompetenzentwicklung in der Produktion werden im folgenden Stand der Forschung die aktuellen Erkenntnisse aus Theorie und Praxis zusammengefasst. Dabei wird die schlanke Produktion in den historischen Kontext eingeordnet, auf die Philosophie und Zielsetzung eingegangen sowie die wesentlichen Elemente vorgestellt (vgl. Kapitel 2.1). Anschließend erfolgt eine detaillierte Auseinandersetzung mit der Thematik des Shopfloor Managements sowie dessen Methoden und Werkzeugen (vgl. Kapitel 2.2). Darauf folgt eine Betrachtung der Kompetenzentwicklung in der schlanken Produktion (vgl. Kapitel 2.3), sowie abschließend eine Zusammenfassung bestehender Gestaltungsansätze und Forschungsdesiderate (vgl. Kapitel 2.4).

2.1 Schlanke Produktion

Die *schlanke Produktion* – oder „Lean Production" – ist seit der von WOMACK ET AL. durchgeführten MIT-Studie (1985 - 1991) Bestandteil der produktionsorganisatorischen Forschungslandschaft. Dabei bezeichnet der Begriff der schlanken Produktion das bei japanischen Automobilherstellern (insb. Toyota) zum Einsatz kommende Produktionssystem. Dieses wird aufgrund der niedrigen Bestände und Verschwendungen im System als schlank bezeichnet – im Vergleich zu der in der westlichen Welt verbreiteten gepufferten Produktion [WOMA91]. Im Folgenden wird die Historie des Toyota Produktionssystems vorgestellt, auf die Philosophie und Zielsetzung eingegangen und wesentliche Elemente der schlanken Produktion beschrieben.

2.1.1 Historie des Toyota Produktionssystems

Das *Toyota Produktionssystem* entstand bei TOYOTA in den 1950er Jahren unter der Leitung von TAIICHI OHNO und bildet die Vorlage heutiger ganzheitlicher Produktionssysteme. Zu verstehen ist ein ganzheitliches Produktionssystem als „unternehmensspezifisches, methodisches Regelwerk zur umfassenden und durchgängigen Gestaltung der Produktion" [DOMB06] sowie zur „Ausrichtung sämtlicher Unternehmensprozesse am Kunden" [VERE12]. Japanische Automobilhersteller befanden sich zu dieser Zeit in einer wirtschaftlichen Krise – mangelnde Binnennachfrage, jedoch gleichzeitig hohe Variantennachfrage; mangelnde wirtschaftliche Ressourcen aufgrund des zurückliegenden zweiten Weltkriegs; etablierte ausländische Automobilhersteller mit größeren Produktionsvolumina [WOMA91]. Um TOYOTA im Inland wie im Ausland als konkurrenzfähigen Automobilhersteller zu etablieren bereiste TAIICHI OHNO US-amerikanische Automobilhersteller und entwickelte bzw. etablierte nach und nach die Methoden der schlanken Produktion. Das Ziel unter dem das *Toyota Produktionssystem* entstand war die Produktion vieler Modelle in kleinen Mengen zu konkurrenzfähigen Preisen [OHNO87].

Bereits seit 1945 implementierte TOYOTA die Prinzipien von Just-in-Time. Seit Anfang der 1950er Jahre wurden Supermärkte sowohl in der Montage als auch später in der Fertigung eingesetzt (Pull-Steuerung). Ebenso konnten in dieser Zeit Montagelinien mit Fertigungslinien synchronisiert werden, gegen Ende der 1950er Jahre dann auch mit dem Karosseriebau. Ab 1962 gab es ein unternehmensweites Kanban-System[3] zur Materialflusssteuerung. Ebenso wurde bereits Mitte der 1950er Jahre Produktionsglättung eingeführt und schrittweise ausgeweitet. [OHNO87]

Viele der bei TOYOTA entwickelten und eingeführten Methoden waren Mittel zum Zweck. Dabei ging es stets darum das Ziel einer schlanken Produktion zu verfolgen. Auf deren Philosophie und Zielsetzung wird im folgenden Abschnitt eingegangen.

2.1.2 Philosophie und Zielsetzung der schlanken Produktion (Toyotas 4P)

Die Philosophie hinter der schlanken Produktion ist eng mit der japanischen Kultur und dem langfristigen Denken familiengeführter Unternehmen verbunden. TOYOTA selbst hat im Jahr 2001 die eigene „Corporate Philosophy" unter dem Namen THE TOYOTA WAY 2001 publik gemacht. Diese fußt auf den zwei Säulen *Continuous Improvement* und *Respect for People*, d. h. stets nach kontinuierlicher Verbesserung zu streben und allen Beteiligten des Unternehmens mit Respekt zu begegnen [TOYO01]. Außerdem wurden weitere wichtige Werte TOYOTAS den beiden Säulen zugeordnet: Herausforderung, Kaizen und Genchi Genbutsu[4] (*Continuous Improvement*) sowie Respekt und

[3] Kanban ist Japanisch und bedeutet „Karte", „Beleg". Es ist eine Umsetzungsform des als Pull-Prinzip bekannten Produktionssteuerungsverfahrens und orientiert sich ausschließlich am tatsächlichen Verbrauch von Materialien.

[4] Genchi Genbutsu ist Japanisch und bedeutet so viel wie „wirklicher Ort, wirkliche Sache". Es steht als ein Schlüsselprinzip des Toyota Produktionssystems dafür sich an den Ort des Geschehens (der Wertschöpfung) zu begeben um eine Situation wirklich zu verstehen.

Teamwork (*Respect for People*). LIKER hat dies in seinem Buch THE TOYOTA WAY - 14 MANAGEMENT PRINCIPLES FROM THE WORLD'S GREATEST MANUFACTURER aufgegriffen und als TOYOTAS 4P (Philosophie, Prozess, People/ Partner und Problemlösung) detailliert dargestellt (vgl. Abbildung 3) [LIKE04].

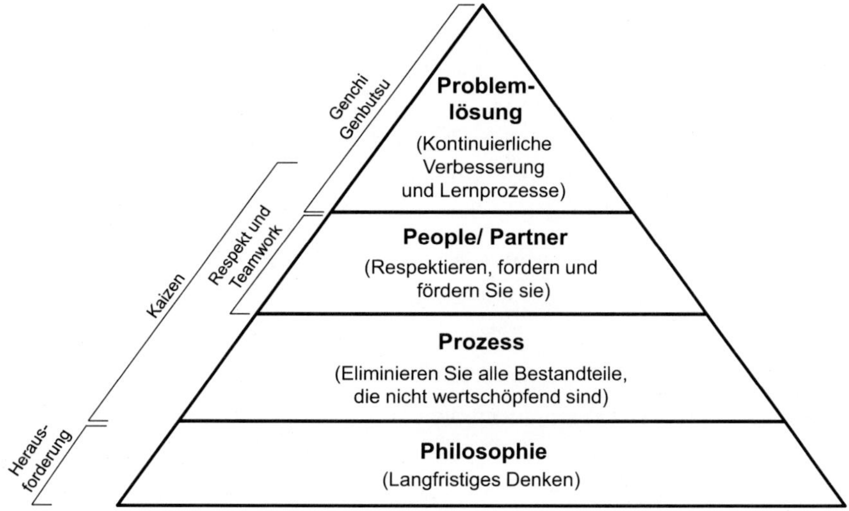

Abbildung 3: Toyotas 4P nach [LIKE04]

Dabei baut der Toyota Weg auf einer *Philosophie* des langfristigen Denkens auf, die das Unternehmen hinsichtlich einer langfristigen Perspektive statt kurzfristigen Gewinnen steuert [LIKE04].

Aufbauend auf einer Philosophie des langfristigen Denkens wird ein (Produktions-)*Prozess* angestrebt, der frei von jeglichen Verschwendungen arbeitet. Dabei ist der Fokus bewusst nicht auf Ergebnissen, wie z. B. Produkte, denn *der richtige Prozess liefert das richtige Ergebnis* [LIKE04]. Mit welchen Prinzipien ein Produktionsprozess derart gestaltet werden kann wird in Abschnitt 2.1.3 näher beschrieben.

Die Beschäftigten und Partner eines Unternehmens spielen in der schlanken Produktion eine wichtige Rolle. So beschreibt SUZAKI wie zur Steigerung der Flexibilität in der Produktion „– im Gegensatz zu dem Ansatz von Taylor – eine verbesserte Qualifikation der einzelnen Arbeiter angestrebt [wird], um so die Fähigkeiten und Erfahrungen insgesamt besser auszuschöpfen“ [SUZA89]. Auch WILDEMANN weist darauf hin, dass die

Übertragung von Aufgaben und Verantwortung an die Wertschöpfung erbringenden Beschäftigten im Produktionsprozess ein Schlüsselfaktor der schlanken Produktion ist [WILD95].

An der Spitze des Toyota Wegs steht die Problemlösung mit ihrer kontinuierlichen Verbesserung und Lernprozessen. D. h. jeder kann dazu beitragen die Qualität der Arbeit zu verbessern. Dabei wird immer wieder die *Lernende Organisation* als Ziel genannt, die es durch kontinuierliche Verbesserung und Reflektion zu erreichen gilt [LIKE04]. Doch gerade dieser letzte Punkt ist für viele Unternehmen nach wie vor schwer zu erreichen. Bereits SUZAKI weist 1989 darauf hin, dass die Lohnsysteme und -strukturen mancher Firmen dies nicht ausreichend berücksichtigen. So fehle es an Motivation oder an Sinn für Verbesserung [SUZA89].

Letztendlich ist das Ziel der schlanken Produktion Produkte *Just-in-Time* zu niedrigsten Kosten herzustellen und dabei gleichzeitig durch *Jidoka* (zu dt. in etwa „autonome Automation") höchste Qualität zu gewährleisten [BECK06]. Zusammengefasst formulierte es TAIICHI OHNO einmal so:

> "All we are doing is looking at the time line, from the moment the customer gives us an order to the point when we collect the cash. And we are reducing the time line by reducing the non-value adding wastes."

2.1.3 Wesentliche Elemente der schlanken Produktion

Dieser Abschnitt fasst die wesentlichen Elemente der schlanken Produktion zusammen. Dabei gibt es in der Literatur unterschiedliche Auffassungen darüber, welche Elemente die schlanke Produktion definieren und auch über deren Bezeichnung (Methode, Prinzip, Gestaltungsprinzip, Säule) herrscht mitunter Uneinigkeit.

So beschreibt LIKER in seinem Buch THE TOYOTA WAY das Toyota Produktionssystem als die aktuell bestmöglichste Ausgestaltung des Toyota Wegs [LIKE04]. Abbildung 4 zeigt die Visualisierung des Toyota Produktionssystems in Form eines Hauses. Die beiden Säulen *Just-in-Time* und *Jidoka* bilden als die wichtigsten Elemente den Kern. Richtig eingesetzt arbeiten sie im Wechselspiel von Destabilisierung (*Just-in-Time*: Bestände reduzieren, Prozesse synchronisieren, etc.) und Stabilisierung (*Jidoka*: Fehlervermeidung, Bandstopp, systematische Problemlösung) an der kontinuierlichen Verbesserung der Produktion.

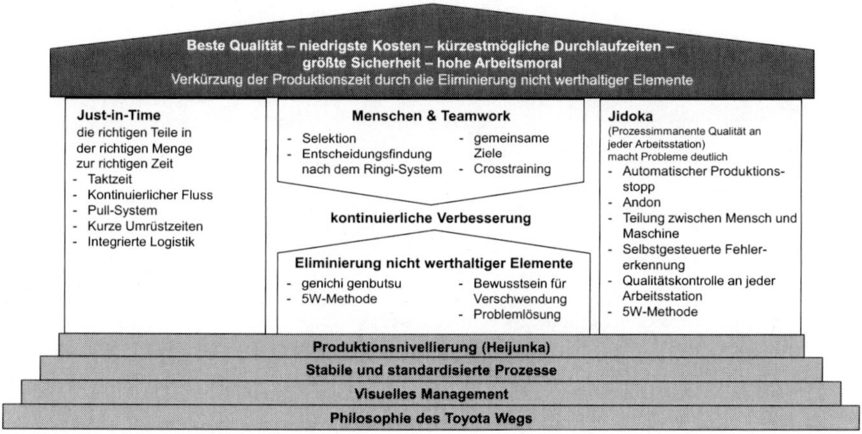

Abbildung 4: Das Toyota Produktionssystem i. A. a. [LIKE04]

Die Säulen des TPS bauen auf den Elementen Produktionsnivellierung, stabile und standardisierte Prozesse und Visuellem Management auf. Darüber hinaus wirken auch die Elemente Eliminierung nicht werthaltiger Elemente sowie Menschen & Teamwork auf das Element kontinuierliche Verbesserung ein.

Der VEREIN DEUTSCHER INGENIEURE beschreibt in der VDI-RICHTLINIE 2870 den Aufbau ganzheitlicher Produktionssysteme mit deren Elementen *Ziele*, *Unternehmensprozesse*, *Gestaltungsprinzipien* sowie *Methoden und Werkzeuge* [VERE12]. Dabei lassen sich die Gestaltungsprinzipien als wesentliche Elemente der schlanken Produktion fokussieren, denn sie gliedern die Methoden und Werkzeuge systematisch. Folgende Gestaltungsprinzipien werden genannt:

- Standardisierung,
- Null-Fehler-Prinzip,
- Fließprinzip,
- Pull-Prinzip,
- kontinuierlicher Verbesserungsprozess,
- Beschäftigtenorientierung und zielorientierte Führung,
- Vermeidung von Verschwendung und
- visuelles Management.

DREW ET AL. nennen drei wesentliche Aspekte einer Organisation, die während einer Lean Transformation adressiert werden müssen: das technische System, die Managementinfrastruktur sowie die Einstellung und Fähigkeiten [DREW04]. Mit Fokus auf dem technischen System rekapitulieren sie drei Kernelemente des TPS: *Just-in-Time Produktion*, *Autonomation (Jidoka)* und *flexible Mitarbeitereinsatzsysteme*.

BRUNNER beschreibt in seinem Buch JAPANISCHE ERFOLGSKONZEPTE „wertschöpfende, schlanke und fließende Prozesse, ohne Unterbrechungen, mittels One-Piece-Flow-Zellen und bedarfsgesteuertem Pull-System“ als Kern des Toyota Produktionssystems [BRUN08]. Zu den Säulen des TPS zählt er *Kanban* als Just-in-Time Lieferungen im Pull-System, *Heijunka*[5] als Produktionsnivellierung und Auslastungsglättung, *5S*[6] *und 5W*, *Jidoka* als prozessimmanente Qualität an jeder Arbeitsstation, *Kaizen* als kontinuierliche Verbesserung in kleinen Schritten, *Lean Production Management* als Eliminierung von nicht-Wertschöpfung und schließlich *One-Piece-Flow-Zellen*.

Tabelle 1: Wesentliche Elemente der schlanken Produktion und deren Nennung nach Autoren

Elemente	**LIKER**	**VDI**	**DREW ET AL.**	**BRUNNER**
Just-in-Time	X	X	X	X
Jidoka/ Null-Fehler	X	X	X	X
Produktionsnivellierung	X			X
Stabile und standardisierte Prozesse	X	X		
Visuelles Management	X	X		
Eliminierung von Verschwendung	X	X		X
Menschen & Teamwork	X	X		
Kontinuierliche Verbesserung	X	X		X
Flexible Mitarbeitereinsatzsysteme			X	

[5] Heijunka ist ein Begriff aus dem japanischen Produktionsmanagement und adressiert Schwankungen in der Auslastung der Produktion durch mengen- und variantenbasierten Ausgleich. Heijunka wird im Deutschen häufig als Produktionsnivellierung bezeichnet.

[6] 5S stehen für fünf zusammenhängende Begriffe, die alle mit dem Buchstaben „S“ beginnen und als Methode zur Arbeitsplatzorganisation und -gestaltung verstanden werden: Seiri (Sortieren), Seiton (Systematisieren), Seiso (Säubern), Seiketsu (Standardisieren) und Shitsuke (Selbstdisziplin) [MARC03]

Die hier aufgeführten Elemente und Autoren erheben keinen Anspruch auf Vollständigkeit, geben jedoch einen guten Einblick in die wichtigsten Elemente der schlanken Produktion und wie diese von prägenden Autoren gesehen werden. Tabelle 1 zeigt diese Auffassungen über die wesentlichen Elemente der schlanken Produktion im Überblick.

Dabei zeigen sich sowohl Unterschiede als auch Gemeinsamkeiten in der Ausgestaltung des TPS. Lediglich die beiden Elemente (oder Säulen) *Just-in-Time* und *Jidoka* werden von allen vier Autoren genannt, über die anderen Elemente herrscht allenfalls eine teilweise Übereinstimmung. Der folgende Abschnitt ordnet Shopfloor Management in die schlanke Produktion ein und geht detailliert auf dessen Methoden und Werkzeuge ein.

2.2 Shopfloor Management

Das Shopfloor Management kommt wie vieles aus der schlanken Produktion aus dem Japanischen und wird dort als genba kanri (jap. 現場 管理, zu dt. in etwa „Werkstatt Management") bezeichnet. Es ist letztendlich der Shopfloor (genba) an dem Menschen Wertschöpfung für Unternehmen und Gesellschaft erzeugen [SUZA93]. ILLING schreibt dazu:

> „Um einen humanen und wirtschaftlichen Nutzen im Unternehmen einzubringen, greifen konventionelle Verbesserungsplattformen oft zu kurz und bringen viele Nachteile mit sich. Deshalb erkennen immer mehr Unternehmen die Notwendigkeit des Shopfloor-Managements – eines Systems, das sich an langfristig werterhaltende Unternehmensaktivitäten richtet." [ILLI13]

Diese werterhaltenden Unternehmensaktivitäten streben nach einem Zielzustand und schließlich nach der Vision einer schlanken, lernenden Organisation [LIKE06]. PETERS fasst es wie folgt zusammen:

> "Shopfloor Management bietet hierfür eine Plattform, indem es zwei ‚Welten' miteinander verknüpft. Die Welt der technischen Ausbaustufe eines Produktionssystems mit den dazugehörigen Strukturen, Prozessen und Methoden – und die Welt der ‚weichen Faktoren' (wie positives Führungs- und Kommunikationsverhalten und die Einstellungen von Menschen im Unternehmen)" [PETE09].

2.2.1 Einordnung von Shopfloor Management in die schlanke Produktion

SUZAKI legt 1993 mit seinem Buch THE NEW SHOP FLOOR MANAGEMENT den Grundstein für das Thema Shopfloor Management. Darin umschreibt er seine "Shop Floor Excellence" als das Lösen von Problemen am Ursprung, einer höheren Kundenorientierung (auch intern) sowie der Entwicklung hoch motivierter Beschäftigter. Um dies zu erreichen setzt SUZAKI auf Methoden zur Prozesskontrolle (Zielsetzung, Kennzahlen, Benchmarking, PDCA), Beschäftigtenpartizipation und -selbstmanagement (Mini-Company, Glass Wall Management, kontinuierliche Verbesserung, Entwicklung von Beschäftigtenfähigkeiten) und Führungsroutinen (Shopfloor Meetings, Kommunikationskaskaden). Dabei gibt er zwar Hinweise zur Implementierung von Shopfloor Management, bleibt jedoch vage wenn es um die konkrete Umsetzung geht (siehe [SUZA93]). In den darauffolgenden Jahren wurde das Thema von Autoren aus Wissenschaft und Industrie aufgegriffen und in unterschiedlichen Facetten interpretiert. Abbildung 5 zeigt das Ergebnis einer online Recherche bei GOOGLE SCHOLAR zu den Stichworten *Shopfloor Management*, *Shop-Floor Management* und *Shop Floor Management* im Titel von Veröffentlichungen. Eingeflossen sind Publikationen aus den Jahren 1987 bis 2016, wobei diejenigen mit Bezug auf Produktionssteuerung („Shop Floor Control"), Shopfloor Logistik Management, Agenten-Systeme, sowie reine informationstechnische Kontrollsysteme auf dem Shopfloor ausgeschlossen wurden.

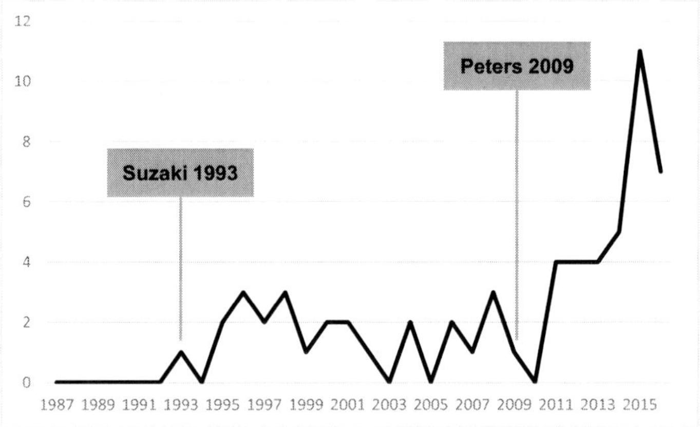

Abbildung 5: Anzahl der Veröffentlichungen zu Shopfloor Management in den letzten 30 Jahren

So zeigt sich, dass sich seit der Veröffentlichung von SUZAKI 1993 vereinzelt wissenschaftliche Publikationen mit dem Thema Shopfloor Management beschäftigt haben. Aber es dauert bis zur „Zweiten Lean-Welle" und der Veröffentlichung von PETERS 2009 bis sich die Wissenschaft und Praxis vermehrt mit dem Thema auseinandersetzten [FAUS09].

LIKERS 4P nennen Shopfloor Management zwar nicht explizit, es lässt sich jedoch dort einordnen (vgl. Kapitel 2.1.2). Dabei liegt der Fokus von Shopfloor Management auf den Beschäftigten und Partnern (People/ Partner), deren Zusammenarbeit durch strukturierte, regelmäßige Meetings mit den Führungskräften gestärkt werden soll. Durch die so entstehende Kommunikation und Kollaboration kann sowohl die Prozessverbesserung als auch die Problemlösung unterstützt werden (Zweite und vierte Ebene, siehe Abbildung 3). Wie LIKER feststellt, besteht auf den Ebenen People/ Partner und Problemlösung noch großer Handlungsbedarf, da viele Unternehmen bisher nur bis zur Ebene der Umsetzung schlanker Prozesse vorgedrungen sind [LIKE04].

Im Folgenden wird das Thema Shopfloor Management aus den Perspektiven einiger der bekanntesten Veröffentlichungen beleuchtet. Dabei bringen die Autoren PETERS, BRUNNER und ILLING drei verschiedene Sichtweisen auf das Thema ein und zeigen somit die aktuell unterschiedlichen Auffassungen darüber. Im Anschluss daran werden die wichtigsten Methoden und Werkzeuge in Zusammenhang mit Shopfloor Management vorgestellt.

2.2.2 Shopfloor Management nach PETERS

PETERS definiert Shopfloor Management wie folgt: „Shopfloor Management baut auf den Erfolgen eines Ganzheitlichen Produktionssystems auf und ergänzt es durch eine aktivere Führung vor Ort“ [PETE09]. Somit bildet das Shopfloor Management eine Brücke zwischen Produktion und Führung, also zwischen technischen und humanen Faktoren. Abbildung 6 gibt einen Überblick über die vier zentralen Elemente des Zielzustandes des Shopfloor Management, die im Folgenden kurz erläutert werden.

Vor Ort führen

Durch die Einbettung einer prozessnahen, vor Ort stattfindenden Kommunikation zwischen Führungskräften und Teammitgliedern in einen strukturierten Tagesablauf werden diese wieder näher an den Ort der Wertschöpfung geholt. Dabei wird das Problem adressiert, dass Führungskräfte mit Besprechungen, Schreibtischtätigkeiten etc. ausgelastet sind und somit Zeit und Motivation für Rundgänge fehlen. „Ablauf und Dauer dieser Runden folgen einem definierten Standard“ [PETE09], so dass Routinen im Tagesablauf entstehen, die Beschäftigte und Führungskräfte zusammenbringen.

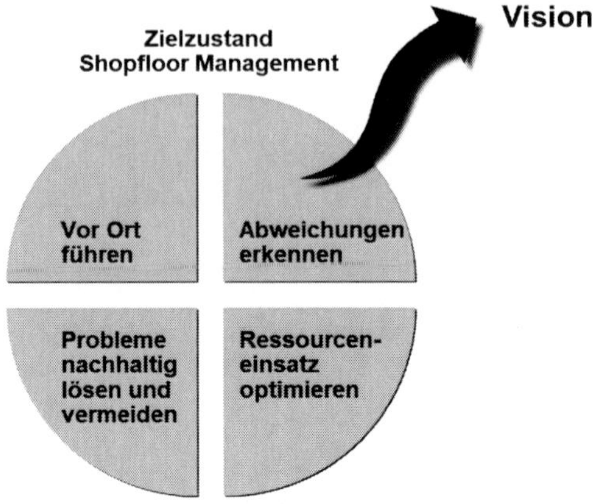

Abbildung 6: Zielzustand des Shopfloor Management nach [PETE09]

Abweichungen erkennen

Es werden Standards definiert, die durch Visualisierung (Kennzahlen, Teambelegung, Maßnahmenstatus) regelmäßig überprüft werden, sodass Abweichungen vom Standard frühzeitig erkannt werden können.

Probleme nachhaltig lösen und vermeiden

Ein Problem sollte sich nicht wiederholen, daher müssen Lösungen gefunden werden, die nicht nur Symptome bekämpfen sondern das Problem nachhaltig lösen. Hierzu werden die Beschäftigten in den Problemlösungsprozess eingebunden, der dementsprechend vor Ort stattfinden sollte.

Den Ressourceneinsatz optimieren

Um den Ressourceneinsatz optimieren zu können, muss Transparenz über den Ressourcenverbrauch geschaffen werden. Zu einer erhöhten Nutzung der Ressourcen gehören die Weiterbildung der Beschäftigten, Ideenplattformen, ein gutes Zeitmanagement sowie eine optimale Wartung von Maschinen und Anlagen.

PETERS sieht im Shopfloor Management eine Veränderung des gesamten Unternehmens – inklusive Einstellung und Verhalten der Menschen. Die Veränderung kommt von innen, „aus Überzeugung und Engagement" (Change Management). Im Sinne dauerhafter, erfolgreicher Veränderungen sollte insbesondere darauf geachtet werden, dass Veränderungen nicht zu schnell, zu komplex oder intransparent erfolgen [PETE09].

2.2.3 Shopfloor Management nach BRUNNER

Für BRUNNER ist das Ziel des Shopfloor Management die Erfüllung der Kundenwünsche. In seinem Buch JAPANISCHE ERFOLGSKONZEPTE teilt er das Shopfloor Management in die Aspekte *Selbstmanagement der Beschäftigten*, *Minifirmen innerhalb des Unternehmens* und *Glass Wall Management* ein [BRUN08]. Diese werden im Folgenden kurz erläutert.

Selbstmanagement der Beschäftigten

Der Erfolg eines Unternehmens hängt von der Fähigkeit ab, auf unterster Hierarchieebene Selbstmanagement betreiben zu können. Die selbstmanagenden Fähigkeiten der Beschäftigten sollen gefördert und dadurch Potentiale ausgeschöpft werden. Dies wird durch die Übertragung von Verantwortung an die Beschäftigten in der Produktion und den Einbezug dieser in kontinuierliche Verbesserungsprozesse verwirklicht. Hierdurch kann die Motivation der Beschäftigten gesteigert werden, wovon auch das Unternehmen selbst profitiert. [BRUN08]

Minifirmen innerhalb des Unternehmens

Im Vordergrund steht eigenverantwortliches Handeln der Beschäftigten in Gruppen oder Teams, die unter Absprache mit dem Management selbstständig ihre Ziele definieren und sich durch selbstständige Organisation, Planung, Dokumentation und Verbesserung auszeichnen. Zu den Aufgaben einer Minifirma zählen u. a.:

1. „Ziele gemeinsam mit den Managern definieren
2. Arbeitsaufgaben schriftlich festhalten (Arbeitsblätter)
3. Kunden/Lieferantenverhältnisse zu anderen Gruppen definieren
4. Aktionspläne zum Erreichen der Ziele erstellen
5. Fortschritt und Erfolg laufend dokumentieren
6. Schulung, Feedback und Berichtswesen sicherstellen
7. Qualitätszirkel zur ständigen Verbesserung abhalten" [BRUN08]

Glass Wall Management

Minifirmen können nicht isoliert funktionieren. Notwendig sind daher Transparenz, offene Kommunikation und Informationsaustausch, welche u. a. über Shopfloor Boards und ausgestellte Produkte mit Qualitätsmängeln realisiert werden. Als Ansatz für prozessrelevante Informationen werden die QKLSA-Kriterien (Qualität, Kosten, Lieferung, Sicherheit, Arbeitsmoral) verwendet oder „[…] elektronische Produktionskontrolltafeln mit Planzahlen […]“ eingesetzt [BRUN08].

2.2.4 Shopfloor Management nach ILLING

ILLING definiert Shopfloor Management folgendermaßen: „Shopfloor Management umfasst Prozesse, Methoden und Systeme zur Sicherstellung einer möglichst effizienten Produktion. Shopfloor Management legt den Focus auf das Geschehen an der Basis." [ILLI11]

Grundlegend ist die Abgrenzung des Shopfloor Managements zum traditionellen Management (siehe Abbildung 7). Im Gegensatz zu traditioneller Top-Down-Führung werden Probleme auf dem Shopfloor an die höhere Instanz gemeldet und es wird gemeinsam nach Lösungen gesucht. Anschließend werden mithilfe von Visuellem Management Maßnahmen an alle kommuniziert. Die Zielfokussierung wird „[…] ausschließlich auf Kennzahlen der Ressourcen Mensch, Maschine, Material und Methode […]" beschränkt, während begleitende Prozesse (z. B. administrative Prozesse) nur Mittel zum Zweck und nicht relevant für Befriedigung von Kundenbedürfnissen sind. [ILLI11]

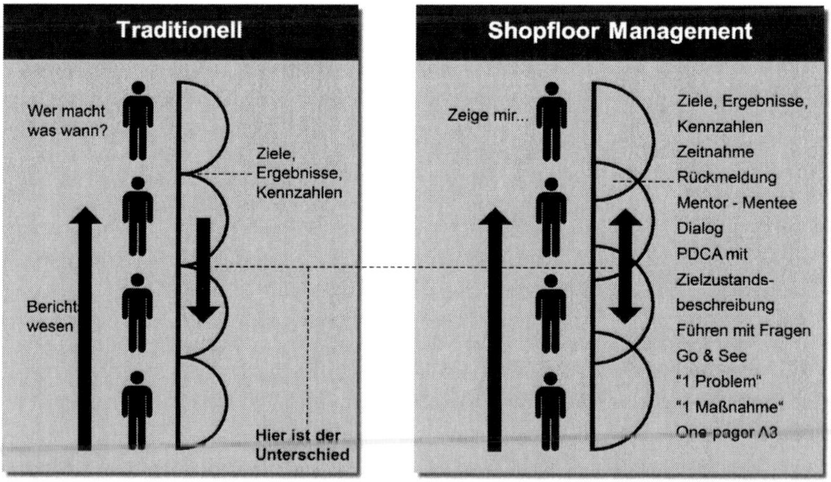

Abbildung 7: Unterschiede im Management durch Shopfloor Management nach [ILLI11]

Shopfloor Management wird als Visualisierung und Standardisierung der Führung betrachtet. Das Ziel ist dabei eine „[…] Reduzierung der Durchlaufzeiten und Bestände, optimaler Einsatz von Ressourcen und Reduzierung ungeplanter Stillstände." Um dies zu verwirklichen ist es wichtig, vor Ort zur rechten Zeit die richtigen Entscheidungen zu treffen. [ILLI11]

2.2.5 Methoden und Werkzeuge des Shopfloor Management

Die vorgestellten Ansätze der Autoren PETERS, BRUNNER und ILLING zeigen drei unterschiedliche Perspektiven auf das Thema Shopfloor Management. Peters spricht dabei als einziger von *Zielen des Shopfloor Management* wohingegen die anderen eher von *Prozessen und Methoden* sprechen. Es ist ebenfalls ersichtlich, dass alle drei Autoren verschiedene Elemente des Shopfloor Managements fokussieren und beschreiben. So werden einerseits Vorgehensweisen hervorgehoben („Abweichungen erkennen“, „Probleme nachhaltig lösen“), andererseits der Umgang mit den Beschäftigten ausgeführt („Selbstmanagement der Beschäftigten“, „Minifirmen innerhalb des Unternehmens“). Hier zeigt sich bereits der diffuse Charakter des Themas, so dass der folgende Abschnitt die wichtigsten Bestandteile des Shopfloor Management strukturiert.

Generell stellen die Methoden und Werkzeuge den ausführbaren Teil des Systems Shopfloor Management dar.[7] Zu den hier vorgestellten Methoden und Werkzeugen zählen Kennzahlen inkl. Zielvorgaben, Führung am Ort der Wertschöpfung, Visuelles Management sowie Problemlösungs- und Verbesserungsmanagement. Diese Kategorien finden sich in der Literatur am häufigsten wieder oder es lassen sich weitere Bestandteile diesen Kategorien zuordnen.

2.2.5.1 Ziele und Kennzahlen

Das neben der Führung an sich wohl am häufigsten mit Shopfloor Management in Verbindung gebrachte Instrument sind Kennzahlen und deren Ziele. Generell kann die Aufgabe des Managements in der Produktion darin gesehen werden, die Leistungsprozesse so zu koordinieren, dass die Ziele des Unternehmens erreicht werden können [HUNG12]. Dabei spielen Kennzahlen und Ziele nicht nur eine wichtige Rolle beim Kontrollieren und Steuern der Produktionsprozesse, sondern auch bei „[…] der Gestaltung und des Nutzens von kontinuierlichen Verbesserungsprozessen […]“ [KLUT15]. BRUNNER schreibt dazu:

> "Ein Verbesserungsprozess kann erst in Gang kommen, wenn messbare Ziele vereinbart worden sind." [BRUN08]

Prinzipiell lassen sich viele verschiedene Arten von Kennzahlen unterscheiden, u. a. Erfolgskennzahlen, wertorientierte Kennzahlen, Steuerungskennzahlen, Funktionsbe-

[7] Die Begriffe „Methode“ und „Werkzeug“ sind dabei zwar grundsätzlich zu trennen, sind aber eng miteinander verknüpft und dienen beide dazu die Ziele des Systems zu erreichen [VERE12].

reichskennzahlen sowie Risikokennzahlen [GLAD14]. Im Rahmen des Shopfloor Management ist es jedoch wichtig, dass das Kennzahlensystem unternehmensweit und prozessbezogen ausgestaltet wird, um den größtmöglichen Nutzen für das Produktionssystem zu erzielen [DOMB14]. Dabei spielt besonders die Prozessbezogenheit in Abgrenzung zum *Management by Objectives* eine wichtige Rolle. Das Management by Objectives ist im Vergleich zu den Kennzahlensystemen des Shopfloor Management ein stark ergebnisorientiertes Konzept, bei dem die Art und Weise, wie quantitative Ziele erreicht werden eine nachrangige Rolle spielt [DRUC54]. Hingegen steht im Shopfloor Management im Vordergrund wie Zielvorgaben erreicht werden, z. B. durch Prozessverbesserungen [SUZA93].

Als Beispiel für solch ein Kennzahlensystem findet sich bei Brunner die Kategorisierung von Kennzahlen in Qualität, Kosten, Lieferung, Sicherheit und Arbeitsmoral (vgl. Abbildung 8) [BRUN08].

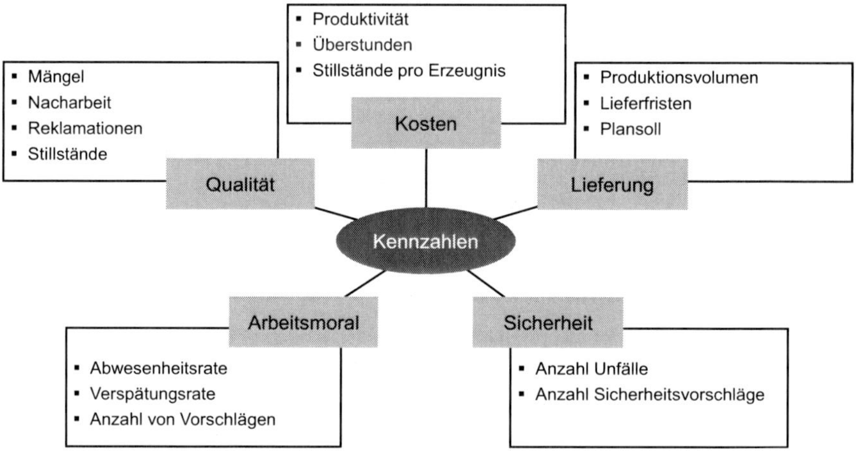

Abbildung 8: QKLSA-Kennzahlensystem nach [BRUN08]

2.2.5.2 Führung am Ort der Wertschöpfung

Ganz allgemein kann man Führung definieren als „die direkte und indirekte Verhaltensbeeinflussung zur Realisierung von Zielen, die sich aus übergeordneten Zielen einer Organisation, des Unternehmens und den Erwartungen der Stakeholder ableiten" [PELZ96]. Oder anders gesagt bedeutet Unternehmensführung also, „[…] dass Menschen […] Einfluss auf andere ausüben, damit diese sich im Interesse des Gesamtunternehmens verhalten." [HUNG11] Dabei steht eine wesentliche Aufgabe der Führung im

Unternehmen über allen anderen: Bei sämtlichen Entscheidungen und Handlungen muss die Erfüllung der wirtschaftlichen Leistung des Unternehmens der entscheidende Treiber sein [DRUC54]. Moderne Führungsbegriffe erweitern jedoch die klassischen, monetären Zielgrößen (wie z. B. Gewinn) um immaterielle Faktoren wie Leistungsqualität und Beschäftigten-, bzw. Kundenzufriedenheit [WUND07]. Im Kontext der schlanken Produktion wird diese Entwicklung aufgegriffen und die Führungsaufgaben am Ort der Wertschöpfung beschrieben als [BRUN08]

- Konzentration auf Systeme und Prozesse, nicht Ergebnisse,
- homogene, offene Willensbildung auf allen Ebenen,
- spontane Information und Koordination vertikal und horizontal sowie
- individuelle Initiativen und Selbststeuerung der Beschäftigten.

Hier bietet sich Shopfloor Management als Unterstützung für Führungskräfte an. Dabei geht es nicht um die Kontrolle der Beschäftigten oder das Controlling von Kennzahlen, sondern darum als Führungsinstrument die Führungskraft bei den o. g. Aufgaben zu unterstützen [AULI07], [PETE09]. Als ebensolches Führungsinstrument fördert Shopfloor Management besonders gut Führungsstile mit einem gewissen Grad an Beschäftigtenpartizipation, d. h. kooperative Führungsstile. In einem von STAEHLE aufgezeigten Führungsstil-Kontinuum zwischen extrem vorgesetztenzentrierten und extrem beschäftigtenzentrierten Führungsstilen nach der Kontinuum-Theorie von TANNENBAUM UND SCHMIDT lässt sich Shopfloor Management zwischen partizipativ und delegativ einordnen, wobei auch konsultative Ausprägungen unterstützt werden können (vgl. Abbildung 9) [STAE99], [TANN73].

Darüber hinaus wird in der schlanken Produktion die Rolle der Führungskraft häufig als Coach beschrieben. Zu ihren wichtigsten Aufgaben zählen die Unterstützung ihrer Teammitglieder, u. a. in der Beseitigung von Motivationshemmnissen [WUND07], sowie die Entwicklung der Fähigkeiten und Kompetenzen ihrer Beschäftigten [SUZA93]. ROTHER schreibt dazu, dass sich „[…] die primäre Aufgabe der Manager und Führungskräfte bei Toyota […] nicht um die Verbesserung selbst [dreht], sondern um die Entwicklung der Verbesserungsfähigkeit ihrer Mitarbeiter.“ [ROTH09] Damit liegt die Aufgabe der Beschäftigtenentwicklung nicht in Abteilungen wie Human Resources oder Personalentwicklung, sondern ist Teil der täglichen Arbeit von Führungskräften in den operativen Bereichen [ROTH09]. Hierfür bedarf es eines Shopfloor Management Systems, das die Führungskräfte und Beschäftigten bei genau diesen Aufgaben unterstützt.

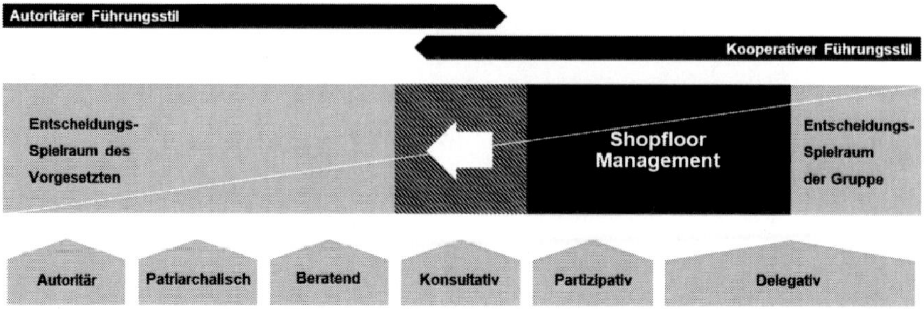

Abbildung 9: Einordnung von Shopfloor Management in das Führungsstil-Kontinuum von TANNENBAUM UND SCHMIDT [TANN73] nach [STAE99]

2.2.5.3 Visuelles Management bzw. Glass Wall Management

Unter *Visuellem Management* in der schlanken Produktion finden sich in der Fachliteratur verschiedene Konzepte. Zum einen gibt es Ansätze, die unter *Visuellem Management* eine grundlegende Einstellung sehen, sämtliche Informationen auf dem Shopfloor einfach verständlich zu visualisieren (vgl. [LIKE06], [WEIß15]). Diese Form der Visualisierung schwingt in allen Prinzipien, Methoden und Werkzeugen mit, sei es die Arbeitsplatzgestaltung durch 5S oder die Kennzahlenvisualisierung im Shopfloor Management. Andere verstehen unter *Visuellem Management* ein eigenes Gestaltungsprinzip in der schlanken Produktion, vergleichbar mit dem Fluss- oder Null-Fehler-Prinzip (vgl. [VERE12]). Dabei „wird das Sichtbarmachen von Problemen verfolgt und damit eine Grundlage für jegliche KVP-Aktivitäten geschaffen. Dadurch wird es Beschäftigten und Führungskräften erleichtert, ‚auf einen Blick‘ den aktuellen Zustand der Prozesse zu erkennen.“ [VERE12] Hier wird das Shopfloor Management als eine Methode bzw. ein Werkzeug im Rahmen des Visuellen Managements gesehen, um den Zustand der Prozesse zu visualisieren. Schließlich gibt es noch die Ansätze, die statt Visuellem Management von *Glass Wall Management* sprechen. Diese beinhalten dabei über das Visualisieren von Informationen hinaus „[…] Transparenz, offene Kommunikation und Informationsaustausch.“ [BRUN08] Dieser Ansatz geht auf die Arbeiten von SUZAKI zurück, der in seinem Buch THE NEW SHOP FLOOR MANAGEMENT neben dem Glass Wall Management auch das Unternehmen im Unternehmen[8] beschreibt (vgl. Abbildung 10) [SUZA93].

[8] Im engl. Mini-Company Concept, von SUZAKI beschrieben worden als: „Everybody is President of His or Her own Mini-Company“ [SUZA93]. Lässt sich auch mit dem Begriff der „Fraktalen Fabrik“ von WARNECKE beschreiben [WARN96]

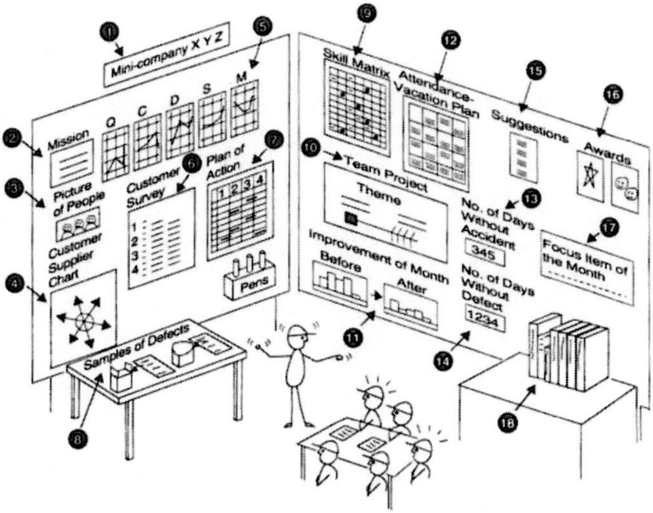

Abbildung 10: Visualisierung von Informationen auf dem Shopfloor i. S. d. Glass Wall Managements nach [SUZA93]

Das entspricht auch dem Ansatz, der in der vorliegenden Arbeit weiterverfolgt wird. Das Visualisieren relevanter Informationen auf dem Shopfloor ist die Grundlage, um Prozesse zu stabilisieren und Abweichungen erkennen zu können [ABEL11c]. Ebenso muss für eine schnelle und nachhaltige Problemlösung für alle beteiligten Teammitglieder eine breite Informations- und Kommunikationsbasis geschaffen werden [CENT10]. Im Rahmen des Shopfloor Management meint Visuelles Management daher das Selbstmanagement von Teams in der Produktion als Unternehmen im Unternehmen – über das reine Visualisieren der Auftragslage oder von Kennzahlen an Tafeln hinaus. So beschreiben DOMBROWSKI ET AL. wie Shopfloor Management erfolgreich Kommunikationsprobleme während der Problemlösung bei einem Zulieferer der Luftfahrtindustrie beseitigen konnte [DOMB15a].

Zusammenfassend wird festgestellt, dass das Visualisieren relevanter Informationen eine Voraussetzung für ein erfolgreiches Shopfloor Management darstellt. Erst durch die geschaffene Transparenz, offene Kommunikation und den Informationsaustausch über Kennzahlen, Abweichungen und Probleme wird in diesem Zusammenhang von Glass Wall Management gesprochen.

2.2.5.4 Problemlösungs- und Verbesserungsmanagement

Problemlösung sowie die dazugehörigen Probleme sind ein weites Feld, mit dem sich schon seit der Antike Philosophen und Mathematiker beschäftigen. Die vorliegende Arbeit greift dabei eine Problemdefinition des Psychologen DÖRNER auf – diese definiert ein Problem durch folgende drei Komponenten [DÖRN87]:

1) Unerwünschter Anfangszustand
2) Erwünschter Endzustand
3) Barriere, die die Transformation von 1) zu 2) verhindert

In der schlanken Produktion bedient man sich häufig einer Modifikation oben genannter Definition von KEPNER UND TREGOE. Diese ersetzt den erwünschten Endzustand durch einen definierten Soll-Zustand[9], den unerwünschten Anfangszustand durch eine vorherrschende Abweichung von diesem Soll-Zustand und schließlich die Transformationsbarriere durch eine unbekannte Ursache, die zur Abweichung geführt hat [KEPN06]. Abbildung 11 stellt die beiden Definitionen mit ihren jeweils drei Kriterien gegenüber.

Dörner	Kepner und Tregoe
1. Unerwünschter Anfangszustand s_a	**1. Abweichung von einem Soll-Zustand**
2. Erwünschter Endzustand s_e	**2. Definierter Soll-Zustand**
3. Barriere, die die Transformation von s_a zu s_e verhindert	**3. Unbekannte Ursache, die zur Abweichung vom definierten Soll-Zustand geführt hat**

Abbildung 11: Gegenüberstellung der Problemdefinitionen nach [DÖRN87] und [KEPN06]

Prinzipiell lassen sich damit zwei Arten der Adressierung auftretender Probleme klassifizieren. Stellt das Problem eine Abweichung zu einem vorhandenen Standard dar und soll gelöst werden, so wird diese Form der Problemlösung auch *reaktives Verbessern* genannt [CACH13]. Ziel des reaktiven Verbesserns ist die Erhaltung eines bekannten und definierten Zustands der Produktion (vgl. Abbildung 12). So sollen Beschäftigte in der Produktion neben sofortigen Gegenmaßnahmen auch Kernursachen für aufgetretene Probleme eigenständig ermitteln und entsprechende Korrekturmaßnahmen ableiten

---

[9] In der Produktion werden Soll-Zustände in der Regel durch Prozessstandards, Standardarbeitsanweisungen, etc. festgehalten

[ABEL10b]. Stellt hingegen das Problem ein Hindernis zur Erreichung einer Weiterentwicklung des Produktionsprozesses dar und soll gelöst werden, so spricht man von *proaktivem verbessern* [CACH13]. Hierbei sind Standards oder ähnliche Prozessbeschreibungen ggf. noch nicht bekannt und werden erst im Laufe des Verbesserungsprozesses ausgearbeitet. Im Vergleich zum reaktiven Verbesserungsprozess, bei dem auf Ereignisse bzw. Abweichungen reagiert wird, werden im proaktiven Verbesserungsprozess Problemlösungen selbstbestimmt disponiert und durchgeführt. Beide Verbesserungsprozesse setzen darauf, dass die Beschäftigten die Störungen und Schwächen ihrer Prozesse am besten kennen und so einen entscheidenden Beitrag zur Verbesserung liefern [DOMB12]. Dabei entspricht der reaktive Verbesserungsprozess am ehesten den Aktivitäten im Rahmen des Shopfloor Managements.

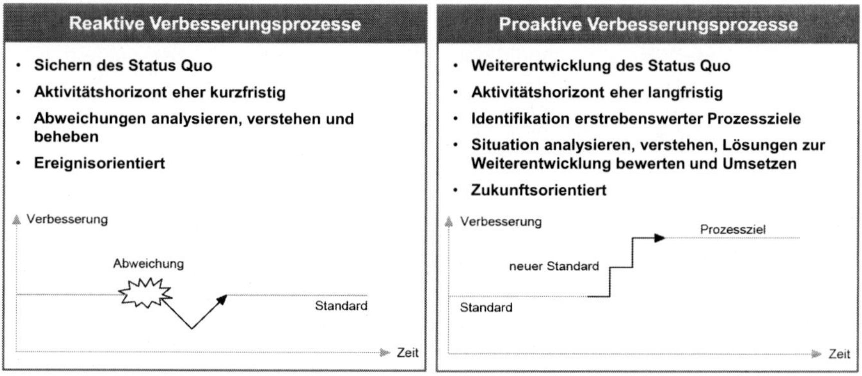

Abbildung 12: Gegenüberstellung von reaktiven und proaktiven Verbesserungsprozessen nach [CACH13]

Vorgehensbeschreibungen zur Problemlösung im Rahmen von reaktiven Verbesserungsprozessen gibt es viele, u. a. die methodengestützte Problemlösung durch Ishikawa und 5x Warum [ABEL10b], [DEMI82], [JUNG11], [KEPN06] den PDCA-Zyklus[10] von DEMING [DEMI82], den 8D-Report aus dem Qualitätsmanagement [JUNG11] sowie die systematische Problemlösung von KEPNER UND TREGOE [KEPN06]. Mit Bezug auf die Beschäftigten im Problemlösungsprozess, deren Rollen sowie deren Zusammenspiel als Organisationseinheit stellt LIKER den *Problemauflösungsprozess* vor (vgl. Abbildung 13) [LIKE06]. Dieser ist eine Abbildung realer Abläufe bei TOYOTA und beschreibt die

---

[10] Der PDCA-Zyklus von WILLIAM EDWARDS DEMING steht für Plan – Do – Check – Act und ist eine Weiterentwicklung des Shewhart-Zyklus.

Aktivitäten von der Problemerkennung über Kontrolle, Eskalation bis hin zur Problemlösung. Im Rahmen von Shopfloor Management spielen besonders die Entscheidungen zur Eskalation sowie die Definition und Verfolgung von Kontroll- und Lösungsmaßnahmen eine wichtige Rolle. Beim Eskalationsprozess sollten klare Kriterien definieren, wann ein Problem an die nächsthöhere Hierarchieebene eskaliert wird. Entscheidet man sich für eine Eskalation, so beschreiben ABELE ET AL. wie der Eskalationsprozess durch Formblätter unterstützt wird, „auf welchen die Ergebnisse des Methodeneinsatzes dokumentiert werden müssen, bevor das Problem auf die nächste Ebene eskaliert werden kann.“ [ABEL10b]. Im Rahmen der Problemevaluation muss auch entschieden werden, ob es Kontrollmaßnahmen bedarf, um Auswirkungen auf den Kunden (respektive nachgelagerte Prozesse in der Wertschöpfungskette) zu verhindern. Erst dann wird eine systematische Problemlösung angestoßen. Dabei sollte die Problemlösung möglichst von den Teammitgliedern selbst durchgeführt werden – „[…] das Delegieren der Problemanalyse an externe Fachkräfte hat zur Folge, dass oft zwar Verlustquellen eliminiert werden, ein Verständnis für Zusammenhänge jedoch nicht entsteht.“ [GÜNT14] Dem Shopfloor Management kommt diesbezüglich die Rolle der Kommunikations- und Visualisierungsplattform zu, an der sich der aktuelle Stand erkannter Probleme besprechen und ablesen lässt.

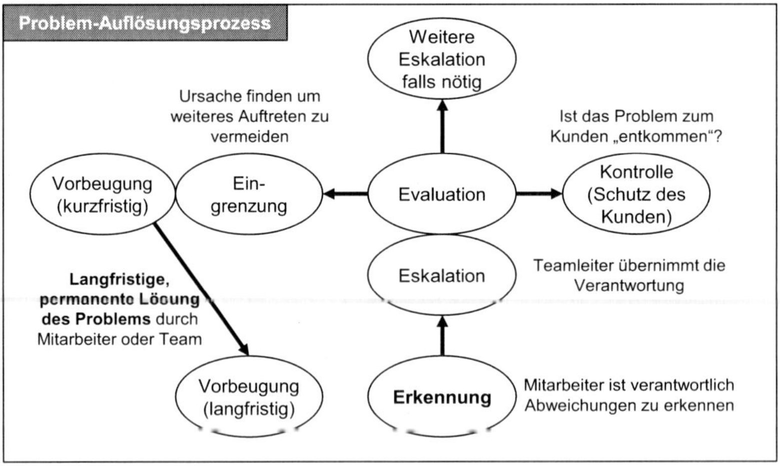

Abbildung 13: Problemauflösungsprozess nach [LIKE06]

Äquivalent zu reaktiven Verbesserungsprozessen gibt es auch für die proaktiven Verbesserungsprozesse Vorgehensbeschreibungen, siehe u. a. [ABEL11b], [BESS01],

[CACH12], [ROTH09]. Diese sind nicht immer so eng wie der reaktive Fall in das Shopfloor Management eingebunden. Eine sehr umfangreiche Beschreibung eines methodischen Vorgehens zur kompetenzorientierten Gestaltung und nachhaltigen Verankerung von proaktiven Verbesserungsprozessen stellt die Methode *proKVP* von CACHAY [CACH13] dar. Hier wird die Problemlösung selbst als PDCA-Zyklus realisiert, bildet jedoch den letzten Schritt in einem siebenstufigen Vorgehen (vgl. Abbildung 14). In den ersten drei Schritten der Methode – Organisationsanalyse, Produktionsleitbilderstellung und Gesamtprozesszielerstellung – wird ein Ziel in Form eines Leitbilds für die Produktion erarbeitet. Nur mithilfe dieses Leitbilds lassen sich Hindernisse bzw. Probleme identifizieren und eine Problemlösung anstoßen. Schritte vier bis sechs – Qualifikationsanalyse, Zielbestimmung und Zielbeschreibung – fokussieren sich auf die im proaktiven Verbesserungsprozess involvierten Beschäftigten sowie deren Kompetenzen. Dabei interessiert vor allem, ob diese in der Lage sind die identifizierten Hindernisse zu beseitigen und den Produktionsprozess auf ein neues Level zu heben oder ob es gezielten Schulungsbedarf gibt. Wichtig dabei ist, dass die Beschäftigten die richtigen Methoden zur Verfügung haben. GAITZSCH UND ZIEGLER schreiben, dass

> „[…] die Entwicklung der Kommunikations- und Sozialkompetenzen aller Teammitglieder unverzichtbar [ist], um den kommunikativen Anforderungen, die sich innerhalb der Teamsitzungen sowie im Rahmen der Abstimmung der Verbesserungsvorschläge mit dem Betriebsmanagement ergeben, gewachsen zu sein. Entscheidend für den Implementierungserfolg [des kontinuierlichen Verbesserungsprozesses] ist eine langfristig angelegte Kompetenzentwicklung aller Prozessbeteiligten.“ [GAIT10]

Sowohl beim Problemlösungs- als auch beim Verbesserungsmanagement geht es um den systematischen Umgang mit Problemen in der Produktion. Dabei liegt der Unterschied darin, entweder einen bereits vorhandenen Status Quo wiederherzustellen (reaktive Verbesserungen) oder einen Status Quo weiterzuentwickeln (proaktive Verbesserungen). Für letzteres gibt es bereits methodische Vorgehen, die unter Berücksichtigung von Unternehmenszielen Produktionsprozesse verbessern und dabei Beschäftigtenkompetenzen entwickeln (vgl. [CACH13]). Die reaktive Verbesserung jedoch, die Teil des täglichen Shopfloor Managements ist, vermisst ein derartiges Vorgehen. Bestehende Ansätze legen ihren Fokus insbesondere auf die schnelle Fehlereindämmung („Containment“) sowie der zügigen Wiederherstellung der Produktionsprozessleistung.

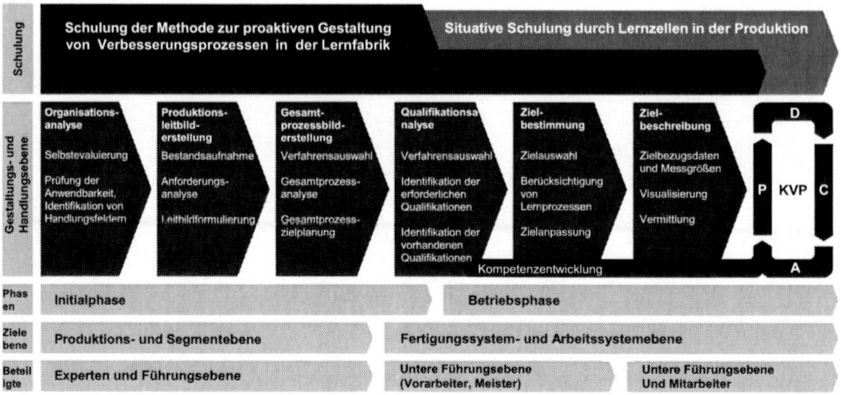

Abbildung 14: Methode proKVP für zielorientierte, kontinuierliche Verbesserungsprozesse nach [CACH13]

2.2.6 Zusammenfassender Stand zu Shopfloor Management in Wissenschaft und Praxis

Generell finden sich in der wissenschaftlichen Literatur einige Arbeiten zu den Inhalten und Zielen von Shopfloor Management Systemen. Die Ansätze von PETERS (vgl. Kapitel 2.2.2), BRUNNER (vgl. Kapitel 2.2.3) und ILLING (vgl. Kapitel 2.2.4) wurden in den vorangegangenen Abschnitten bereits dargestellt. Tabelle 2 stellt die Beschreibungen von allgemeinen Shopfloor Management Systemen („Wissenschaft") und konkreten Anwendungsfällen aus kleinen Betrieben und großen Konzernen dar und ordnet deren Aussagen zu Inhalten und Zielen zusammengefassten Überbegriffen zu.

Insgesamt zeichnet sich ein eher diffuses Bild des Themas Shopfloor Management ab. Der Stand der Forschung zu Shopfloor Management zeigt, dass unterschiedliche Meinungen zu Inhalten und Zielen sowie deren Verknüpfungen vorherrschen – ein typisches Bild für Themen, die aus der Praxis kommend von der Wissenschaft aufgegriffen werden. Jeder der untersuchten Ansätze deckt nur Teilbereiche ab, in der Regel mit einem Fokus entweder auf Kennzahlen, Prozesse oder Beschäftigte. Allgemeinere Ansätze zu Shopfloor Management aus der Wissenschaft beinhalten häufig mehr Inhalts- und Ziel-Aspekte als die spezifischen Anwendungsfälle aus den Unternehmen. Die vorliegende Arbeit leistet einen Beitrag zur Strukturierung von Inhalten und Zielen in ein ganzheitliches, integriertes Shopfloor Management System.

Tabelle 2: Übersicht über Shopfloor Management Systeme in der Literatur, vgl. [ASDO15], [BECK06], [BRUN08], [DOMB15b], [GRUN13], [HEIN13], [HURT13], [ILLI11], [LOWE93], [PETE09], [SPEA04], [SUZA93], [WATA07]

		Inhalte und Ziele von Shopfloor Management											
		Transparenz von Kennzahlen und Zielen	Steuerung und Steigerung der Produktionsleistung	Stabilisierung der Prozesse	Förderung von Problemlösung	Förderung von KVP	Prozessverbesserung durch Mitarbeiter	Führung vor Ort	Strukturierte und offene Kommunikation	Visuelles Management	Übertragung von Verantwortung auf Mitarbeiter	Informationsvermittlung	Mitarbeiter- und Führungskräfteentwicklung
Wissenschaft	Asdonk [ASDO15]	x	x	x	x	x	x	x	x	x	x		x
	Brunner [BRUN08]	x								x	x		
	Dombrowski/ Mielke [DOMB15]					x			x		x		
	Grundnig/ Meitinger [GRUN13]	x	x		x				x	x		x	
	Hurtz/ Stolz [HURT13]		x		x		x	x	x				x
	Illing [ILLI11]							x	x	x	x	x	
	Lowe [LOWE93]	x	x								x		x
	Peters [PETE09]	x	x		x		x	x	x				
	Suzaki [SUZA93]				x		x	x			x		x
Praxis	Hubert Stüken GmbH & Co. KG [HEIN13]	x	x										
	BMW AG [DOMB15]		x	x			x	x		x			x
	MAN Truck & Bus AG [DOMB15]		x		x	x			x				x
	Matsushita Electric Industrial Co. Ltd. [SUZA93]				x			x				x	x
	Siemens AG [DOMB15]		x					x	x	x			
	Toyota Motor Corp [WATA07][SPEA04][BECK06][SUZA93]		x		x			x					x

2.3 Kompetenzentwicklung in der schlanken Produktion

Aktuelle und zukünftige Trends in der Produktion basieren auf neuen Technologien, Flexibilität und Wandelbarkeit und erfordern kompetente Beschäftigte [ABEL11d]. Besonders in der schlanken Produktion spielen qualifizierte und kompetente Beschäftigte und Führungskräfte eine wichtige Rolle. LIKER nennt die entsprechende Qualifizierung eine Voraussetzung für ein Problemverständnis und die Anwendung von Lean Methoden [LIKE04]. In Bezug auf das Qualitätswesen betont SUZAKI die Wichtigkeit von fähigen (kompetenten) Beschäftigten:

> "Accordingly, a major role of managers in a people-oriented organization is to develop people's capabilities. That's why we say in quality jargon, 'Quality control starts with education and ends with education.' If a manager simply fires people and hires new ones when things are not working, no value is added to the organization because there is no opportunity for people to grow within it." [SUZA93]

Der folgende Abschnitt beschäftigt sich zuerst mit dem Kompetenzbegriff selbst und dem zugrunde liegenden Verständnis von Wissen, Qualifikation und Kompetenzen. Anschließend werden Anforderungen an die Kompetenzentwicklung beschrieben und abschließend auf Organisationsformen der Kompetenzentwicklung in der Produktion eingegangen.

2.3.1 Kompetenzbegriff und -verständnis

Der Kompetenzbegriff lässt sich zurückverfolgen auf die Arbeit von CHOMSKY zu sprachlicher Kompetenz und Performanz [CHOM67], welche von HACKER und VOLPERT aufgegriffen wurde und auf deren Basis der Begriff der *Handlungskompetenz* geprägt wurde [HACK73], [VOLP74]. In der Pädagogik geht der Kompetenzbegriff auf die Kompetenzdefinition von WEINERT zurück. Demnach ist Kompetenz „die bei Individuen verfügbaren oder durch sie erlernbaren kognitiven Fähigkeiten und Fertigkeiten, um bestimmte Probleme zu lösen sowie die damit verbundenen motivationalen, volitionalen und sozialen Bereitschaften und Fähigkeiten, um die Problemlösungen in variablen Situationen erfolgreich zu nutzen und zu können." [WEIN01] ERPENBECK UND ROSENSTIEL beschreiben Kompetenzen als solche „Fähigkeiten und Dispositionen, die ein sinnvolles und fruchtbares Handeln in offenen, komplexen, manchmal auch chaotischen Situationen erlauben, die also ein selbstorganisiertes Handeln unter gedanklicher und gegenständlicher Unsicherheit ermöglichen.“ [ERPE07] Jede dieser Definitionen beschreibt die Eigenständigkeit und Zielgerichtetheit der Handlungen des Individuums in bisher unbekannten Situationen. Zusammenfassend befähigt Kompetenz ein Individuum offene Problemsituationen zielgerichtet und selbstständig zu lösen (Selbstorganisationsfähigkeit).

ERPENBECK UND ROSENSTIEL weisen darauf hin, dass der Kompetenzbegriff durchaus in unterschiedlichen Kontexten verwendet wird und dabei ebenso unterschiedlich verstanden wird. So meint beispielweise die Redewendung „etwas liegt nicht in seiner

Kompetenz“, dass Befugnisse im organisationalen und rechtlichen Kontext nicht vorhanden sind [ERPE05]. Im Kontext dieser Arbeit sind die Begriffe *Kompetenz* und *Problemlösekompetenz* jedoch als (Handlungs-)Kompetenzen bzw. Fähigkeiten im Sinne der Personalentwicklung, Psychologie und Pädagogik zu verstehen. Abbildung 15 zeigt die Abgrenzung des Kompetenzbegriffs gegenüber Wissen im engeren Sinne, Qualifikationen, sowie Regeln, Werte und Normen. Die Begriffe des Wissens und der Qualifikation werden im folgenden Abschnitt näher beschrieben, prinzipiell lässt sich jedoch sagen, dass Kompetenzen durch Wissen im engeren Sinne fundiert werden [HEYS10].

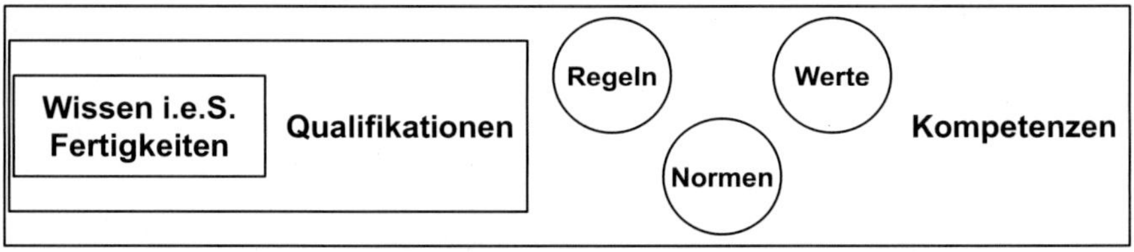

Abbildung 15: Abgrenzung des Kompetenzbegriffs nach [ERPE07]

Nach Erpenbeck und Rosenstiel schließen Kompetenzen Fertigkeiten, Wissen und Qualifikationen ein, aber können nicht auf diese reduziert werden [ERPE07]. Erst durch selbstverantwortete Regeln, Werte und Normen als ordnende Elemente des selbstorganisierten Handelns vervollständigen sich Kompetenzen zu den Handlungsbefähigern in offenen, unsicheren und komplexen Situationen [ERPE07]. Somit ist der Kompetenzbegriff der weiter gefasste Begriff – er verbindet Wissen und Können, um Probleme zu lösen [WILH13].

2.3.1.1 Einordnung von Wissen und Qualifikation

Der Begriff „Wissen“ wird von verschiedenen Forschungsdisziplinen, Führungskräften und Politikern unterschiedlich definiert. Eine allgemeine und eingängige Definition gibt die Europäische Kommission in ihrem Leitfaden zur erfolgreichen Praxis im Wissensmanagement:

> „Wissen ist die Kombination von Daten und Information, unter Einbeziehung von Expertenmeinungen, Fähigkeiten und Erfahrung, mit dem Ergebnis einer verbesserten Entscheidungsfindung. Wissen kann explizit und/oder implizit, persönlich und/oder kollektiv sein.“ [CEN/04]

Dabei umfasst das *Wissen im engeren Sinne* nach KUHLMANN UND SAUTER Daten, Informationen, Sachwissen, Methodenwissen, Kenntnisse und Kerngegenstände der Logik (vgl. Abbildung 16) [KUHL08].

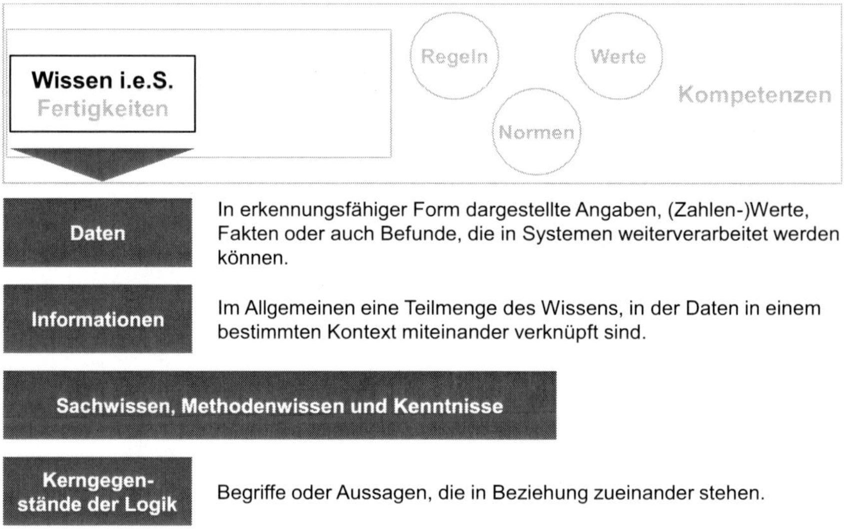

Abbildung 16: Bestandteile des Wissens im engeren Sinne nach [KUHL08]

Wenn Individuen Daten und „[…] Informationen wahrnehmen, bewerten und mit subjektiven Erfahrungen in Beziehung setzen […]“ entsteht Wissen im weiteren Sinne [KUHL08]. Nach HEYSE UND ERPENBECK beinhaltet dieser Wissensbegriff auch alle Bewusstseinsresultate und die damit verbundenen Emotionen und Motivationen [HEYS10]. Nach RENKL lässt sich Wissen in unterschiedliche Wissensarten einordnen, je nachdem wie abstrakt oder konkret dieses Wissen ist [TENB11]:

Konzeptuelles Wissen: Verständniswissen über Fakten und Verfahren

Deklaratives Wissen (Faktenwissen): Kenntnis von Konzepten und Fakten

Prozedurales Wissen (Handlungs- bzw. Strategiewissen): Wie oder womit wird etwas getan?

Konditionales Wissen (Zugriffswissen): Wann und warum wird auf bestimmte Wissensanteile zugegriffen?

In Wissensmanagement Ansätzen lassen sich diese Wissensarten noch hinsichtlich der Dimensionen Inhalt („Know-what“ und „Know-how“), Explikationsgrad („explizit“,

„implizit") sowie Lokalisation („individuell", „kollektiv" und „extern") als Grundlage zur Planung von Wissensstrategien einteilen [METT01]. Dabei fokussiert diese Arbeit insbesondere das einzelnen Beschäftigten *individuell* zur Verfügung stehende Wissen sowie das *kollektive* Wissen ganzer Arbeitsgruppen. Wissen ist dabei eine entscheidende Voraussetzung für die Handlungsfähigkeit von Individuen. Für sich allein lässt es sich jedoch nicht zielgerichtet anwenden, so dass sogenanntes *träges Wissen* vorliegt [GRUB00].

Bei Qualifikationen hingegen handelt es sich „[...] um Kenntnisse und Fähigkeiten, die unter anderem den Zugang zum Erwerbssystem regeln, häufig auch durch Zertifikate." [BAUE15] Sie setzen sich in der Regeln aus verschiedenen Wissens- aber auch Kompetenzelementen zusammen mit dem Ziel spezifische Aufgaben und Tätigkeiten erfüllen zu können sowie bekannte Situationen regelmäßig zu lösen [HECH06]. So lassen sich Qualifikationen gegenüber Kompetenzen insoweit abgrenzen, als dass Qualifikationen auf den Erwerb von Wissen und Fertigkeiten abzielen – bei Kompetenzen jedoch das selbstorganisierte Handeln in komplexen Situationen im Vordergrund steht [ROSE04].

2.3.1.2 Das Kompetenzmodell

Generell lassen sich Kompetenzen in verschiedene Dimensionen unterteilen. Im Laufe der Zeit haben sich diverse Kompetenzmodelle entwickelt, die die Inhalte und Zusammenhänge unterschiedlicher Kompetenzdimensionen darstellen, zum Beispiel das KASSELER-KOMPETENZ-RASTER [KAUF06] oder das Kompetenzrad nach NORTH [NORT05]. So beschreibt die Handreichung der Kultusministerkonferenz die Entwicklung der Handlungskompetenz als zentrales Ziel im beruflichen Bildungskontext [SEKR11]. Die Handlungskompetenz wird dabei verstanden als die Bereitschaft und Fähigkeit, sich in beruflichen, gesellschaftlichen und privaten Situationen sachgerecht durchdacht sowie individuell und sozial verantwortlich zu verhalten [SEKR11].

Bei Kompetenzbeschreibungen im industriellen Kontext setzt sich mehr und mehr das Kompetenzmodell nach ERPENBECK UND ROSENSTIEL durch [KURZ02]. Es ist dem Kompetenzmodell der Kultusministerkonferenz sehr ähnlich und besteht aus den vier Kompetenzdimensionen: *Aktivitäts- und umsetzungsorientierte Kompetenzen (AUK)*, *fachlich-methodische Kompetenzen (FMK)*, *sozial-kommunikative Kompetenzen (SKK)*, sowie *personale Kompetenzen (PK)* [ERPE05]. Das Individuum hat damit die Fähigkeit, mehr oder weniger aktiv (AUK) in Bezug auf sich selbst (PK), auf seine gegenständliche

Umwelt (FMK) und auf andere Menschen (SKK) selbstorganisiert zu handeln. Abbildung 17 verdeutlicht wie sich PK nur mittelbar auf Handlungen auswirken, indem sie den Erwerb, die Entwicklung und Vernetzung der anderen Kompetenzdimensionen bedingen. Die anderen drei Kompetenzdimensionen werden auch als performativ bezeichnet, d. h. sie wirken sich unmittelbar auf unser selbstorganisiertes Handlungsvermögen aus. Dabei sind die AUK hochgradig situationsspezifisch, die FMK und SKK hingegen wirken situationsübergreifend [TENB11].

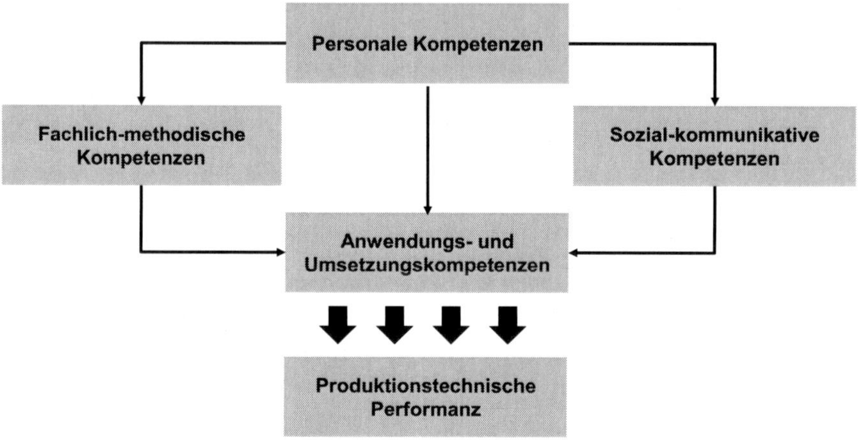

Abbildung 17: Kompetenzmodell in Anlehnung an [ERPE05]

Nach Erpenbeck und Rosenstiel sind Kompetenzen, die einmal in einem spezifischen Kontext erworben wurden meist auf andere Situationen und Sachverhalte übertragbar. Dies ist besonders für die Problemlösung im produktionstechnischen Umfeld relevant, wo einmal erworbene Kompetenzen sich auch zur Problemlösung in neuen, bisher unbekannten Situationen einsetzen lassen. Schlussendlich lässt sich sagen, dass Maßnahmen zur Kompetenzentwicklung nur dann zielgerichtet wirken, wenn Kompetenzanforderungen zuvor in Kompetenzmodellen definiert wurden [KAUF16].

2.3.1.3 Anforderungen an die Entwicklung von Kompetenzen

Kompetenzen aufzubauen ist ein wesentlicher Schlüssel für eine wettbewerbsfähige, zukunftsorientierte Produktion, da so schnelle Problemlösung und kontinuierliche Verbesserungsprozesse ermöglicht werden [ABEL11d]. So lässt sich Kompetenzentwicklung als den aktiven Prozess der Kompetenzaneignung beschreiben, der durch Lern- und Entwicklungsprozesse entsteht [DEHN08]. In den Arbeitswissenschaften gelten sowohl Qualifikationen, als auch Kompetenzen als Lernresultate von Arbeitspersonen und erfolgen durch Interaktionen der Personen mit ihrer Umwelt [SCHL10]. Dabei ist das Ziel, zum einen lebenslanges Lernen bei den Individuen einer Organisation zu fördern und zum anderen die unternehmensseitigen Rahmenbedingungen für eine lernende, dynamische Organisation zu schaffen. ABELE UND REINHART weisen in ihrem bereits 2011 identifizierten Megatrend „Lernende Gesellschaft/ Wissensgesellschaft“ darauf hin, dass Lernen und Kompetenzentwicklung über das Individuum hinaus auch vermehrt die Organisation betreffen wird (vgl. Abbildung 18) [ABEL11d].

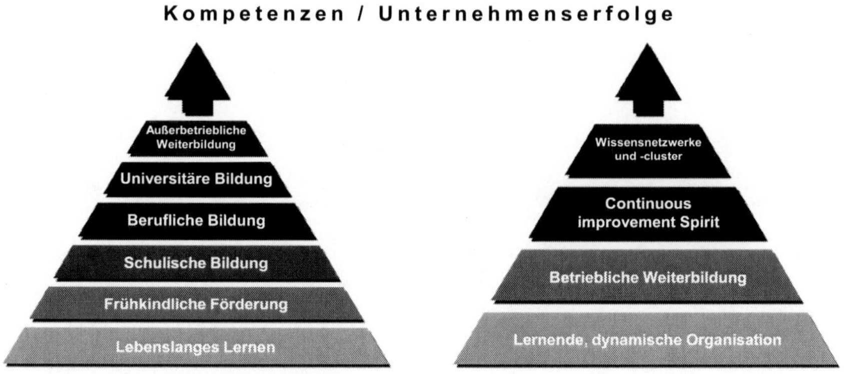

Abbildung 18: Lebenslanges Lernen und die lernende Organisation als Schlüssel zum langfristigen Unternehmenserfolg nach [ABEL11d]

Die Unternehmen müssen sich auf neue Arbeitsmodelle einstellen, um den Beschäftigten die Möglichkeit einzuräumen ihr Wissen ständig zu aktualisieren [ABEL11d]. Denn Kompetenzaufbau heißt „nicht nur Schulungen durchzuführen, sondern auch den Mitarbeitern hinreichenden Freiraum zu lassen, damit sie durch eigenes Experimentieren neue Erkenntnisse und Fähigkeiten erwerben können. Letztendlich bedeutet es, eine ‚lernende Organisation‘ zu haben, die nicht in Traditionen und lieb gewonnenen Routinen [...] verharrt, sondern in der neue Erkenntnisse permanent zum Überdenken bestehender Strukturen und Abläufe führen.“ [KRÜG09] Um Kompetenzen zu entwickeln müssen also reale Problemsituationen gelöst werden, bei denen die Lösung zuvor nicht bekannt ist. Der kreative Prozess der Problemlösung führt zum Aufbau von Kompetenzen [ABEL10a]. Auch für KUHLMANN UND SAUTER können Kompetenzen nur durch kreatives Handeln in neuartigen, offenen und realen Problemsituationen aufgebaut werden [KUHL08].

2.3.2 Organisationsformen zur Kompetenzentwicklung in der Produktion

Kompetenzentwicklung in der Produktion lässt sich über verschiedene Organisationsformen – und damit auch Lernformen – abbilden. Prinzipiell spricht man bei Lernformen, bei denen der Arbeitsprozess den zentralen Bezugspunkt darstellt von arbeitsbezogenem Lernen [DEHN93].[11] Diese haben seit ca. 1990 wieder verstärkt an Bedeutung gewonnen, nach festgestellt wurde, dass arbeitsplatzferne Formen der Weiterbildung (wie z. B. Seminare außerhalb des Unternehmens) einen zu geringen Bezug zur betrieblichen Wirklichkeit bieten und daher allein nicht ausreichen um berufliche Handlungskompetenz zu erlangen [PROß07]. In diesem Zusammenhang unterscheidet DEHNBOSTEL folgende Formen des arbeitsbezogenen Lernens nach dem Ort an dem sie stattfinden [DEHN96]:

- Arbeitsintegriertes bzw. arbeitsgebundenes Lernen,
- arbeitsverbundenes Lernen und
- arbeitsorientiertes Lernen.

Beim *arbeitsintegrierten Lernen* sind Lernen und Lernort identisch. Dabei werden meist herkömmliche Arbeitsplätze oder Arbeitsprozesse um Lernmöglichkeiten erweitert [DEHN93]. Auf diese betriebliche Lernform wird später detaillierter eingegangen.

Das *arbeitsverbundene Lernen* zeichnet sich dadurch aus, dass zwar Lernort und Arbeitsplatz getrennt sind, zwischen beiden jedoch eine direkte räumliche oder arbeitsorganisatorische Verbindung besteht [DEHN93]. Ein Beispiel hierfür sind Technikzentren in Arbeitsplatznähe in denen arbeitsplatzbezogene Aus- und Weiterbildung stattfindet.

Die *arbeitsorientierten Lernformen* finden entkoppelt vom Arbeitsplatz in zentralen, produktionsunabhängigen Bildungseinrichtungen statt. Dabei wird die Arbeitsorientierung durch die Bearbeitung arbeitsplatzbezogener Aufgaben in authentischen Lern-Settings hergestellt [DEHN93]. Lernfabriken wie sie beispielsweise von ABELE ET AL. beschrieben werden sind ein Beispiel für diese Lernform [ABEL07]. Im Folgenden werden aktuelle Konzepte arbeitsorientierten Lernens beschrieben bevor auf arbeitsintegrierte Lernformen eingegangen wird.

---

[11] Diese Form des Lernens wird häufig gegenüber den zentralisierten, arbeitsplatzunabhängigen Formen der Aus- und Weiterbildung (Schule, Universität, Weiterbildungsseminare, etc.) abgegrenzt [BONZ08], [FRIE93].

2.3.2.1 Arbeitsorientiertes Lernen

Bekannte Konzepte arbeitsorientierten Lernens sind Produktionsschulen, Lehrgänge, Übungsfirmen sowie Bildungszentren mit simulierten Arbeitsprozessen. Die Simulation von Arbeitsprozessen ermöglicht zwar kein authentisches Erfahrungslernen, zielt jedoch auf eine möglichst realitätsnahe Lernsituation ab, die die Aneignung von Kompetenzen sowie deren Reflexion ermöglicht [DEHN93]. Solche Trainingsmaßnahmen dienen in der Regel ausschließlich der betrieblichen Weiterbildung und finden vom Arbeitsplatz getrennt statt.

Eine aktuell viel diskutierte Ausgestaltung einer solchen arbeitsorientierten Lernform ist die Lernfabrik, siehe auch [ABEL13], [ABEL07], [KUPE11], [RIFF13], [STEF13], [TISC13]. Lernfabriken im engeren Sinne bilden einen realen Wertstrom für ein physisches Produkt ab, in dem Teilnehmer mittels handlungsorientierter Lernprozesse vor Ort ihre eigenen Handlungen bewerten und reflektieren können [ABEL15].[12] Der handlungsorientierte Charakter der Lernprozesse in (simulierten) Produktionsprozessen erlaubt das Lernen und Sammeln von Erfahrungen unter betriebswirtschaftlichen Realbedingungen [KUPE11].

Weltweit gibt es mittlerweile viele unterschiedliche Ausgestaltungen von Lernfabriken. Dabei kann man nicht nur zwischen Lernfabriken im engeren und weiteren Sinne unterscheiden, sondern diese auch detailliert anhand von sechs Schlüsselmerkmalen klassifizieren [TISC15]:

Betreibermodell: Um Lernfabriken zu betreiben reicht es nicht aus lediglich das Equipment bereitzustellen. Ein langfristiger Betrieb von Lernfabriken erfordert ein nachhaltiges Betreibermodell bzgl. Finanzierung, Personal und Themen.

Ziel und Zweck: Die intendierten Lernprozesse in Lernfabriken müssen Teil eines Konzepts sein, um einen bestimmten Zweck zu erfüllen. Solch ein Zweck kann z. B. die Aus- und Weiterbildung von Teilnehmern oder Forschungs- und Innovationsaktivitäten sein.

Prozess: Hierbei lassen sich unterschiedliche Produktionsprozesse in Wertströmen klassifizieren. So können Lernfabriken verschiedene Materialflüsse abbilden, Logistikströme mitbetrachten, Fertigungstechnologien fokussieren oder indirekte Funktionen miteinbeziehen.

---

[12] Lernfabriken im weiteren Sinne lösen diese Eingrenzungen teilweise auf und beinhalten auch virtuelle Wertströme, Dienstleistungen statt realer Produkte und E-Learning Ansätze statt Lernen vor Ort. [ABEL15]

Setting: Mit Setting sind im Rahmen von Lernfabriken die Lernumgebung und deren Eigenschaften gemeint. Eine Lernumgebung kann physikalisch ausgestaltet sein oder virtuell abgebildet werden, sie kann dimensionsbezogen einer echten Fabrik nachempfunden sein oder aber eine herunterskalierte Version darstellen.

Produkt: Das Produkt, welches in Lernfabriken hergestellt wird, stellt einen wichtigen Lernträger dar. Entscheidet man sich gegen ein am Markt erhältliches Produkt, so kann man dieses didaktisch an die Gegebenheiten und Anforderungen der Lernfabrik und ihrer Zielgruppen anpassen.

Didaktik: Neben der Beschreibung intendierter Lernziele kann auch auf unterschiedliche Lernmethoden zurückgegriffen werden. So können neben den handlungsorientierten Lernmethoden auch „herkömmliche" referentenorientierte Lernmethoden wie Vorträge o.Ä. zum Einsatz kommen.

Abbildung 19 zeigt prominente Beispiele für solche Lernfabriken. Für Beschreibungen weiterer Lernfabriken sowie deren Zielsetzung und Ausgestaltung vgl. [ABEL17].

CiP — Prozesslernfabrik CiP (Center für industrielle Produktivität) an der Technischen Universität Darmstadt

TU Wien Pilotfabrik Industrie 4.0 — Pilotfabrik Industrie 4.0 an der Technischen Universität Wien

LPS Lernfabrik — LPS-Lernfabrik (Lehrstuhl für Produktionssysteme) an der Ruhr-Universität Bochum

Abbildung 19: Beispiele für Lernfabriken als arbeitsorientierte Lernform

2.3.2.2 Arbeitsintegriertes Lernen

Die Thematik des *arbeitsintegrierten Lernens* wird in der Literatur auch unter den Begriffen „Lernen am Arbeitsplatz", „Lernen in der Arbeit", „Arbeitsprozessorientiertes Lernen" und „arbeitsgebundenes Lernen" diskutiert [DEHN93], [FAUS01]. Frühe Beispiele dieser Ansätze sind das Erlernen eines Handwerks in einer Werkstatt im Mittelalter. Lehrlinge erlernten handwerkliche Fähigkeiten und Kenntnisse durch die Zusammenarbeit mit Meistern und Gesellen am Arbeitsplatz [SCHA04]. Nach dem zweiten

Weltkrieg entwickelte sich in Japan ein Konzept, das man dem arbeitsintegrierten Lernen zuschreiben kann. Mithilfe amerikanischer Experten wurden in drei Phasen systematische Qualitätskontrollen in produzierenden Betrieben aufgebaut: Von der statistischen Qualitätskontrolle über Qualitätsmanagement zu Qualitätszirkeln (1962) als Problemlösungsgruppen [DEPP92].[13] Das Konzept der Qualitätszirkel verbreitete sich in Japan rasant, fand jedoch außerhalb Japans lange Zeit keine Nachahmer. Erst Mitte/ Ende der 80er Jahre hat der Westen es aufgegriffen. Grund dafür ist die damals erfolgte Erkenntnis der Bedeutung von Lernen am Arbeitsplatz durch eine immer deutlicher werdende Kluft zwischen Ausbildungssituation und betrieblicher Realität [SCHA04].

Bei der Einteilung von GRÜNEWALD UND SAUTER wird zwischen Lernen außerhalb des Arbeitsprozesses und arbeitsintegriertes Lernen unterschieden und detailliert auf betriebliche Weiterbildung zwischen *gestalteten Arbeiten* und *Lernen am Arbeitsplatz* eingegangen (vgl. Abbildung 20) [GRÜN98]. Dabei erkennt man beim arbeitsintegrierten Lernen Lernformen, insbesondere unterstützte Lernformen, die so auch in der schlanken Produktion aufgegriffen wurden: *Job Rotation* (vgl. [BECK06]), *Gruppenarbeit* (vgl. [BRUN08]) oder *Unterweisung durch Vorgesetzte*, z. B. in Form von Coaching (vgl. [ROTH09]).

Der Ansatz der *Qualitätszirkel* ist in der schlanken Produktion in vielen unterschiedlichen Methoden und Werkzeugen aufgegangen, u. a. Total-Quality-Management (vgl. [HUMM11]) und systematische Problemlösung und Verbesserung (vgl. Abschnitt 2.2.5.4). Dabei ist es zukünftig wichtig all diese Ansätze der Lernprozesse im Wertschöpfungsprozess unter soziotechnischen Aspekten zu betrachten, um der Notwendigkeit schnellerer Lernzyklen in der Produktion zu begegnen [TISC14]. D. h. vor allem auch zu betrachten wer von wem innerhalb der Organisation lernen kann und auch wie diese unterstützten Lernformen systematisch und zielgerichtet angestoßen werden können.

Auf die erste Frage liefern PROß UND ELSHOLZ eine Antwort. Abbildung 21 zeigt die von ihnen aufgestellten Quellen für die betriebliche Kompetenzentwicklung. Danach ist hilfreiches Wissen und Können für die eigene Kompetenzentwicklung am Arbeitsplatz noch relativ effizient mit Kollegen auszutauschen, wird aber bis hin zu externen Kooperationspartnern und Kunden zunehmend aufwendiger [PROß07].

[13] Obwohl er sich nie öffentlich dazu bekannt hat gilt der Japaner Kaoru Ishikawa als Erfinder des Konzepts Qualitätszirkel, siehe auch [DEPP92]

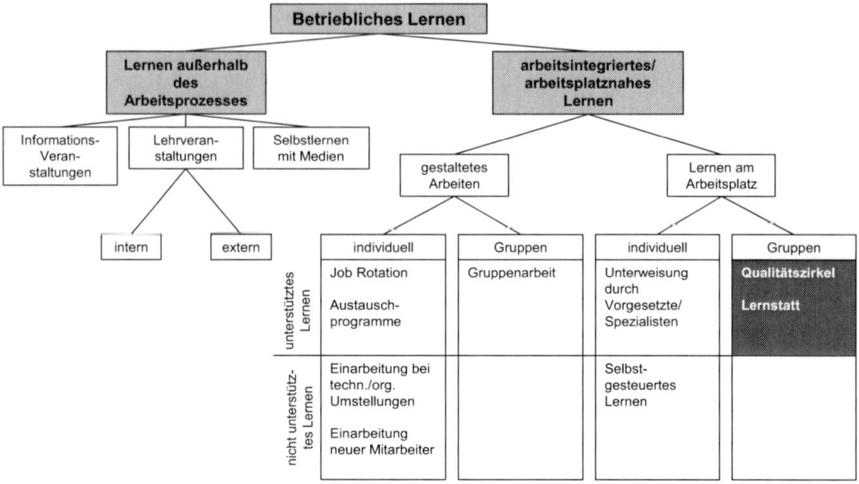

Abbildung 20: Betriebliche Weiterbildung zwischen Arbeiten und Lernen nach [GRÜN98]

Bezogen auf die zweite Frage gibt es Antworten vornehmlich aus dem Bereich der Personalwirtschaft. BERTHEL UND BECKER beschreiben in ihrem Buch PERSONAL-MANAGEMENT wie mit Qualitätszirkeln gearbeitet werden kann, adressieren hierbei aber vor allem die Abteilungen Human Resources/ Personalentwicklung [BERT13]. Um Lernen in der Arbeit nachhaltig in den wertschöpfenden Bereichen eines produzierenden Betriebes betreiben zu können bedarf es jedoch einer starken Verankerung in den jeweiligen Fachbereichen durch Führungskräfte, Prozesse und Methoden [MARS15].

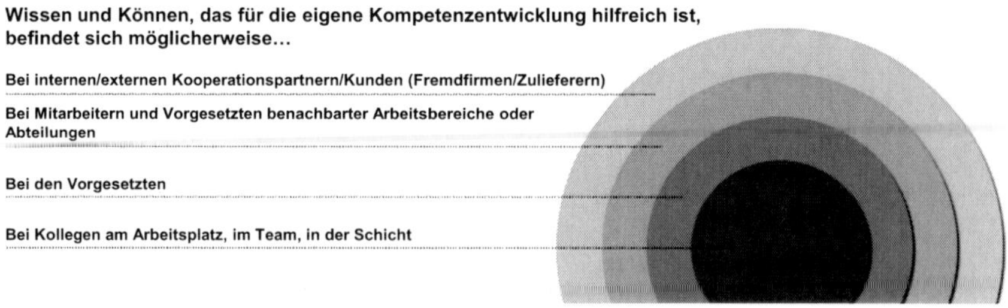

Abbildung 21: Quellen für die betriebliche Kompetenzentwicklung nach [PROß07]

Dabei gilt es auch die Führungsinstrumente und -methoden anzupassen. Nach DOMBROWSKI ET AL. macht „[…] die nachhaltige Einführung Ganzheitlicher Produktionssysteme […] einen Wandel in den Führungsmethoden erforderlich, der sich auf eine zielorientierte Führung am Ort der Wertschöpfung, einen langfristigen Kompetenzaufbau bei den Mitarbeitern und die Entwicklung einer KVP-gestützten Kultur konzentriert." [DOMB14] Hierfür bedarf es der Entwicklung vielfältiger Kompetenzen, die auf Wissen und Qualifikation verschiedener Handlungsbereiche basieren [TISC14]. Und diese Entwicklung der benötigten Kompetenzen muss verstärkt im Arbeitsalltag gefördert werden [KAUF06]. Nur Unternehmen, die „[…] proaktiv die notwendigen Kompetenzen definieren, identifizieren und entwickeln, werden in Zukunft erfolgreich sein.“ [SAUT15]

2.4 Bestehende Gestaltungsansätze für Shopfloor Management Systeme und Forschungsbedarf

Nach den vorangegangenen Abschnitten entsteht ein Überblick über die bestehenden Shopfloor Management Konzepte sowie Ansätze zur Kompetenzentwicklung speziell in der schlanken Produktion. Im Folgenden werden aktuell relevante Gestaltungsansätze für Shopfloor Management Systeme dargestellt und Forschungsdesiderate aufgezeigt. Tabelle 3 zeigt die Gestaltungsansätze für Shopfloor Management Systeme im Überblick.

Tabelle 3: Aktuelle Gestaltungsansätze für Shopfloor Management, vgl. [HAHN13], [HURT13], [ASDO15]

Autor	Titel	Jahr	Form
N. Hahnenkamp	The Process Model for Shop Floor Management Implementation	2013	Beitrag im Journal
A. Hurtz und M. Stolz	Shop-Floor-Management	2013	Buch
M. Asdonk	Modell zur Darstellung der Schlüsselelemente und Mechanismen eines Führungssystems Shop Floor	2015	Disserta-tion

HAHNENKAMP stellt in seinem Beitrag von 2013 ein Modell zu Shopfloor Management vor, welches als „Shopfloor Management Hexagon“ bezeichnet wird [HAHN13]. Das Shopfloor Management Hexagon besteht dabei aus sechs Elementen: “Efficiency Improvement“, „Visual Management“, „Standards and abnormality control“, „Problem Solving“, “Change point management” und “Communication”. Diese sechs Elemente bringt HAHNENKAMP in eine sequenzielle Abfolge und stellt ihnen unterstützende Methoden und Werkzeuge (u. a. „T card system", „Standard Work") zur Seite. Damit werden bereits viele wichtige Elemente adressiert (vgl. Kapitel 2.2.5), jedoch wird das Themengebiet der Beschäftigtenentwicklung ausgelassen.

HURTZ UND STOLZ beschreiben in ihrem Buch Shopfloor Management aus Sicht einer Führungskraft [HURT13]. Hierbei werden ebenfalls viele relevante Aspekte des Shopfloor Managements aufgegriffen und mit Methoden unterstützt, so z. B. Führen vor Ort und Shopfloor Management zur ständigen Weiterentwicklung. Darüber hinaus wird der „Shop-Floor-Manager" auch als „Weiterbildner" beschrieben und so das Thema Beschäftigtenentwicklung konkret aufgegriffen. Als ein „Weiterbildner" hat die Führungskraft die Aufgabe ihren Beschäftigten Möglichkeiten zur ständigen Weiterqualifizierung zu eröffnen bzw. diese zu fördern. Unterstützend zu diesen Tätigkeiten beschreiben HURTZ UND STOLZ die *Job-Instruction-Methode* zur direkten Entwicklung gerade von neuen Beschäftigten. Weitere Methoden und Instrumenten wie Kompetenzen der Beschäftigten im Rahmen von Shopfloor Management entwickelt werden können werden nicht beschrieben.

In seiner Dissertation stellt ASDONK ein Modell zur Darstellung der Schlüsselelemente und Mechanismen von Shopfloor Management vor [ASDO15]. Darin werden insbesondere Wirkzusammenhänge im Shopfloor Management aufgezeigt und dabei wird u. a. auch Beschäftigtenentwicklung als *Hauptelement* genannt. Innerhalb dieses Hauptelementes identifiziert ASDONK die Ziele „Mitarbeiter besitzen Problemlösungsfähigkeit", „Mitarbeiter besitzen Verbesserungsfähigkeit" und „Mitarbeiter besitzen Einstellung zu Verbesserung und Lean". Darüber hinaus werden jedoch keine Prozesse oder Strukturen vorgestellt wie diese Ziele umgesetzt oder unterstützt werden können.

Die vorgestellten Arbeiten sind bereits wichtige Schritte auf dem Weg zur Verankerung von Beschäftigtenentwicklung im Shopfloor Management und damit in den täglichen Routinen der Beschäftigten in der Produktion. Über die Job-Instruction-Methode hinaus fehlt es jedoch an Werkzeugen wie die systematische Kompetenzentwicklung von Beschäftigten in der Produktion gelingen kann. So fordern auch DIEZ ET AL., dass eine „Lean Shop Floor Management" Methode explizit Wissensentstehung und -transfer unter den Anwendern fördern soll [DIEZ15]. Außerdem fehlt es an einer systematischen (Prozess-)Beschreibung von Shopfloor Management Systemen [HAHN13] – gerade wenn es um die Verknüpfung von Beschäftigtenentwicklung und Shopfloor Management geht.

3 Konkretisierung der Zielsetzung und Forschungskonzeption

Das folgende Kapitel greift den in Abschnitt 2.4 dargestellten Forschungsbedarf auf, konkretisiert die Zielsetzung dieser Arbeit und beschreibt deren Forschungskonzeption. Dabei wird zuerst das Hauptforschungsziel dieser Arbeit beschrieben und anschließend Unterforschungsziele sowie Anforderungen abgeleitet. Anschließend werden die Systemgrenzen dieser Arbeit aufgezeigt und es wird auf zugrundeliegende Prämissen eingegangen.

3.1 Forschungsziele und Anforderungen

3.1.1 Forschungsziele

Ausgehend vom skizzierten Forschungsbedarf verfolgt diese Arbeit das Ziel mithilfe von Shopfloor Management Systemen Kompetenzen der Beschäftigten zielorientiert und systematisch zu entwickeln. Daraus ergibt sich das Hauptforschungsziel:

Entwicklung einer Methode zur systematischen Zuordnung von Problemen und Beschäftigten im Rahmen von Shopfloor Management in der Produktion.

Jedoch erfordert die Erreichung dieses Ziels ein besseres Verständnis von Shopfloor Management Systemen. Wie in Abschnitt 2.2 aufgezeigt fehlt es in der Literatur sowohl an einer einheitlichen Definition von Shopfloor Management, als auch an geeigneten Beschreibungen von Shopfloor Management Systemen. Um die Eigenschaften und Verhaltensweisen von Shopfloor Management Systemen verstehen zu können, ist es nicht ausreichend die Eigenschaften und Verhaltensweisen ihrer Bestandteile bzw. Elemente aufzusummieren. Es bedarf einer ganzheitlichen Betrachtung der Summe der Bestandteile sowie der Summe der Beziehungen zwischen den Bestandteilen [ROPO09]. Daraus ergibt sich ein weiteres Forschungsziel dieser Arbeit:

Abbildung von Shopfloor Management Systemen in einem Beschreibungsmodell zum Erkenntnisgewinn hinsichtlich Voraussetzungen, Elementen, Zielen und Abläufen des Shopfloor Management.

Im Folgenden werden die Anforderungen an die zu entwickelnde Methode und des Modell beschrieben.

3.1.2 Anforderungen an die Methode

Die in dieser Arbeit entwickelte Methode muss bestimmten Anforderungen genügen. Diese ergeben sich einerseits aus dem identifizierten Forschungsbedarf (vgl. Kapitel 2.4) und andererseits aus einer durchgeführten Analyse zu Methoden der Kompetenzentwicklung in der Produktion [JOKO17]:

- Einfache Anwendbarkeit
- Die Methode richtet sich an Entscheidungsträger aus dem Bereich der Produktion
- Integrierbarkeit der Methode in regelmäßige Abläufe in der Produktion über Shopfloor Management
- Systematische Zuordnung von Problemen zu Beschäftigten, so dass zum einen Probleme gelöst werden und zum anderen Kompetenzen entwickelt werden. Hier ist ein sogenannter Person-Environment-Fit erforderlich [NIED12].

3.1.3 Anforderung an das Beschreibungsmodell

Mithilfe des zu entwickelnden Beschreibungsmodells der Shopfloor Management Systeme sollen Erkenntnisse für die Gestaltung der Methode gewonnen werden (siehe Abbildung 22).

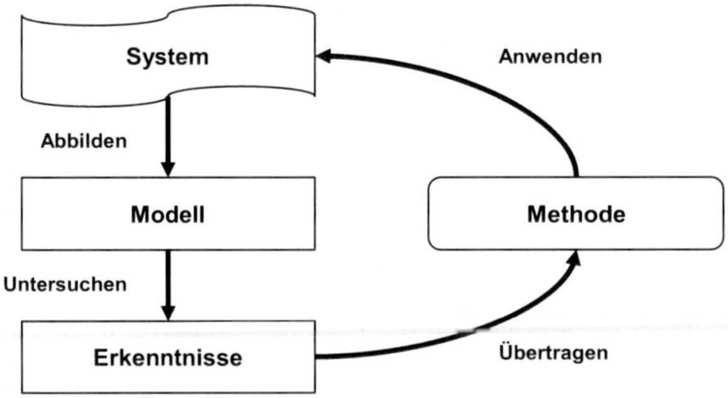

Abbildung 22: Übertragung von Erkenntnissen aus dem Modell auf die Methode i. A. a. [HÄUS04]

Damit die Methode anschließend erfolgreich im System angewendet werden kann, bedarf es eines zweckmäßigen Beschreibungsmodells von Shopfloor Management Systemen [HÄUS04]. Daraus ergibt sich die folgende Anforderung an das Beschreibungsmodell:

Zweckmäßigkeit des Beschreibungsmodells hinsichtlich der Abbildung der Bestandteile und Beziehungen von Voraussetzungen, Elementen, Zielen und Abläufen von Shopfloor Management Systemen.

3.2 Forschungskonzeption

Die Forschungskonzeption gliedert sich in die Abschnitte Anwendungsbereiche und Systemgrenze der zu entwickelnden Methode und beschreibt die Forschungsprämissen, die dieser Arbeit zugrunde liegen.

3.2.1 Anwendungsbereiche der zu entwickelnden Methode

Produktionssysteme gibt es in den verschiedensten Ausprägungen und Shopfloor Management Systeme finden in vielen dieser Systeme Anwendung. Eine im Rahmen dieser Arbeit durchgeführte Studie zu den Anwendungsbereichen von Shopfloor Management in der Produktion zeigt die bereits erschlossenen Felder anhand von Merkmalen der Produktionssysteme[14]. Mithilfe dieser Merkmale haben sich 140 Unternehmen eingeordnet und gleichzeitig angegeben, ob sie Shopfloor Management einsetzen. Insgesamt haben 69% der befragten Unternehmen angegeben Shopfloor Management einzusetzen.

Der morphologische Kasten (vgl. Abbildung 23) verdeutlicht den hohen Anteil an Unternehmen, die Shopfloor Management betreiben. 17 der insgesamt 27 Merkmalsausprägungen weisen einen Shopfloor Management Einsatz-Anteil auf, der über 67% liegt (weiße Felder). Die höchsten Anteile treten dabei bei Fließbandfertigungen (90%), vollautomatisierten Produktionen (85%), materialintensiven Produktionen (84%) und der Fertigung von Stückgütern (81%) auf. Ein Drittel der Ausprägungen liegt im Bereich von 33% bis 67% (graue Felder). Mit der Baustellenfertigung existiert lediglich eine Ausprägung, bei der weniger als 33% der Unternehmen Shopfloor Management in ihrer Produktion durchführen (schwarzes Feld).

---

[14] Die Auswahl der Merkmale erfolgt über eine Analyse gängiger Literatur zu Fertigungstypen (vgl. [CORS16], [DYCK07], [GROS74], [KERN92], [ZÄPF82]) und der anschließenden Reduktion auf Merkmale, welche für die Ausgestaltung von Shopfloor Management Systeme relevant sind.

Input-orientierte Fertigungs-typen	Qualifikation der Arbeitskräfte	gelernt (77%) 67%	angelernt (19%) 78%	ungelernt (4%) 80%		
	Kostenstruktur	materialintensiv (22%) 84%	arbeitsintensiv (55%) 64%	kapitalintensiv (23%) 69%		
Prozessorientierte Fertigungstypen	Verbundheitsgrad	unverbunden (40%) 66%	verbunden (60%) 71%			
	Wiederholungstyp	Einzelfertigung (32%) 56%	Serienfertigung (60%) 77%	Massenfertigung (8%) 64%		
	Räumliche Anordnung	Werkstatt (37%) 58%	Fließband (29%) 90%	Zentren (28%) 69%	Werkbank (1%) 100%	Baustellen (5%) 29%
	Automatisierungs-grad	nicht automatisiert (32%) 58%	teilautomatisiert (59%) 73%	vollautomatisiert (9%) 85%		
	Kontinuitätstypen	kontinuierlich (38%) 79%	diskontinuierlich (62%) 63%			
	Güterformtypen	Stückgüter (84%) 68%	Fließgüter (16%) 77%			
Output-orientierte Fertigungs-typen	Absatzstruktur	Bestellproduktion (81%) 66%	Lagerproduktion (19%) 81%			
	Spezifizierungs-grad	standardisierte Produkte (36%) 76%	kundenindividuelle Produkte (64%) 66%			

Legende

Aufbau Zelle

Ausprägung (Anteil an befragten Unternehmen [%])
Anteil Einsatz SFM [%]

Anteil Einsatz SFM

x < 33% | 33% ≤ x ≤ 66% | x > 66%

Abbildung 23: Verbreitung von Shopfloor Management differenziert nach den Ausprägungen des Produktionssystems i. A. a. [ZETM16]

Die Studie zeigt somit ein breites Anwendungsfeld von Shopfloor Management und damit auch für die zu entwickelnde Methode. Diese kann in unterschiedlichen Fertigungstypen und Unternehmensbranchen eingesetzt werden, so z. B. in der Prozessindustrie mit ihrer teilautomatisierten Fließgüterproduktion oder in der Kleinserienfertigung mit kundenindividuellen Stückgütern.

3.2.2 Systemgrenzen der zu entwickelnden Methode

Im Folgenden werden die Systemgrenzen der Methode aufgezeigt um somit den Untersuchungsbereich abzugrenzen. Dies erfolgt in Anlehnung an die MTO-Analyse (siehe dazu [ULIC13]) in den Dimensionen *Mensch*, *Technik* und *Organisation*.

Bei der zu entwickelnden Methode zur systematischen Zuordnung von Problemen stehen die Beschäftigten als wichtigste Treiber der Prozessverbesserung im Mittelpunkt. Da im beruflichen Umfeld eine Vielzahl von Kompetenzen entwickelt werden können, bedarf es einer Eingrenzung. Wie bereits in Kapitel 2.3 beschrieben, lassen sich nach HEYSE UND ERPENBECK Kompetenzen in vier Klassen unterteilen: PK, SKK, FMK und AUK [HEYS10]. Dabei fokussiert die Methode die Entwicklung von FMK, wobei u. a.

durch das Arbeiten in Teams auch die anderen Kompetenzklassen mitentwickelt werden.

Technisch gesehen fokussiert sich die Methode im engeren Sinne auf Unternehmen mit schlanken Produktionssystemen (vgl. Kapitel 2.1), im weiteren Sinne auf Unternehmen, die zumindest ein funktionierendes Shopfloor Management System im Einsatz haben (vgl. Kapitel 2.2). Es lassen sich zwar auch außerhalb des Shopfloor Management Probleme identifizieren und Problemlösungsteams zuordnen, jedoch ist die hier entwickelte Methode explizit darauf ausgelegt.

Nach BULLINGER ET AL. lassen sich die technischen und vertrieblichen Bereiche eines Unternehmens typischerweise aufgliedern in Q-Bereich, Technische Leitung, Vertriebsleitung und Beschaffung (vgl. Abbildung 24) [BULL09]. Der Bereich der technischen Leitung lässt sich dabei in die Abteilungen Entwicklung und Konstruktion, Kundendienst, Versuch, Instandhaltung, Arbeitsvorbereitung sowie Fertigung und Montage gliedern. Die in dieser Arbeit entwickelte Methode fokussiert sich dabei auf die direkten Produktionsbereiche, d. h. Arbeitsvorbereitung sowie Fertigung und Montage.

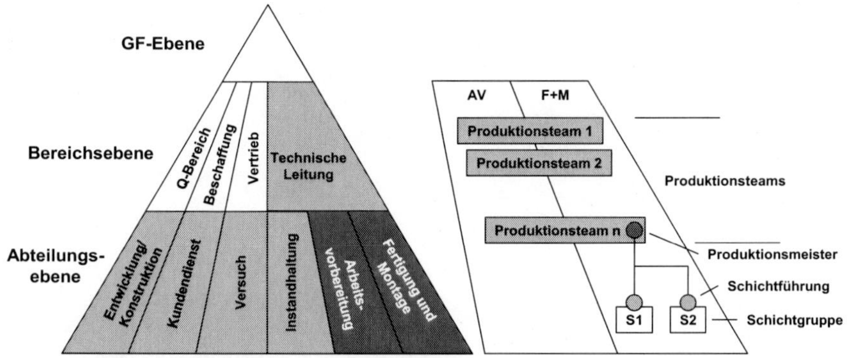

Abbildung 24: Fokus der Methode bzgl. der Organisationsstruktur i. A. a. [BULL09]

Innerhalb der direkten Produktionsbereiche adressiert die Methode insbesondere die darin arbeitenden Gruppen- und Teamstrukturen – vom Teammitglied einer Schichtgruppe bis zur technischen Leitung. Dabei fokussiert sich die Methode insbesondere auf die mittleren Führungskräfte in der Produktion, deren Rollen im Folgenden detailliert beschrieben werden [HAMA13]:

Produktionsmeister: Der Produktionsmeister regelt und steuert alles in seinem Verantwortungsbereich – von anvertrauten Beschäftigten bis hin zu dem Budget des

Bereichs. Da der Produktionsmeister i. d. R. direkt mit den Beschäftigten auf dem Shopfloor arbeitet ist er eine der Schlüsselfiguren im Produktionsbereich. Zu den Verantwortungsbereichen des Produktionsmeisters zählt neben den jährlichen Zielvereinbarungen des Bereichs auch die Organisationsentwicklung.

Schichtführung: Die Rolle der Schichtführung entspricht je nach Unternehmensgröße den ersten Führungsebenen in der Produktion. Die Schichtführung hat direkten Einfluss auf die ihr zugewiesenen Beschäftigten und prägt damit auch entscheidend das Verhalten des Teams. Die Position der Schichtführung ist – organisationsabhängig – zumeist eine Führungsrolle, die ohne disziplinäre Verantwortung auskommen muss.

Ausgehend von diesen Systemgrenzen lassen sich Prämissen für den weiteren Hergang dieser Arbeit ableiten.

3.2.3 Forschungsprämissen

Der Lösungsansatz der vorliegenden Arbeit stützt sich auf das Deduktionstheorem [POPP05]. Unter der Annahme bestimmter Voraussetzungen (Prämissen) werden Schlussfolgerungen durch materielle Implikationen (wenn-dann-Beziehungen) abgeleitet (Konklusion oder deduktiver Schluss) [BOCH83]. Die zugrunde liegenden Prämissen sind:

Ziele in der Produktion sind definiert und folgen einer langfristigen Strategie. Die Messung der Zielerreichung erfolgt durch spezifizierte Kennzahlen und diese werden regelmäßig aufgezeichnet.

Problemlöse- und Verbesserungsprozesse sind im Produktionsbereich vorhanden und werden genutzt um Störungen im Ablauf zu beheben und Prozesse gezielt weiterzuentwickeln.

Ein betriebliches Kompetenzmanagement verfolgt die Kompetenzprofile in der Produktion und stellt Zielvorgaben für diese zur Verfügung.

Ziel der Arbeit ist die Entwicklung einer unter den aufgestellten Prämissen und im Untersuchungsbereich gültigen Methode.

4 Entwicklung eines Modells für Shopfloor Management Systeme

Unter einem System wird die Zusammensetzung einer Anzahl an Komponenten verstanden mit dem Ziel eine Lösung für mehrere Aufgaben zu finden [CHUR71]. Schwer zu erfassende Systeme werden häufig mithilfe von Beschreibungsmodellen abgebildet, so dass deren wesentliche Eigenschaften nachvollziehbar werden [HÄUS04]. Sie dienen als Grundlage für die Kommunikation und ein gemeinsames Verständnis [KRAL13]. Die dabei entstehenden Modelle sind „[...] Ergebnis einer Modellbildung, in deren Verlauf ausgewählte Aspekte des betrachteten Systems in das Modell übernommen werden.“ [HÄUS04] Hierbei bestimmt der Modellzweck, welche Aspekte des Systems übernommen werden. Bisherige Ansätze der Modellierung von Shopfloor Management Systemen setzen auf Befähiger [ATTR13] und System Dynamics [ASDO15] zur Beschreibung ihrer Modelle.

In diesem Kapitel wird ein Beschreibungsmodell für Shopfloor Management Systeme vorgestellt, welches sowohl an Umfang, als auch an Detailtiefe bisherige Beschreibungen von Shopfloor Management Systemen übertrifft. So wie Modelle generell sowohl Objekte als auch Prozesse abbilden können [GRAM13], besteht auch dieses Modell aus zwei Teilen – eine Beschreibung der Elemente eines Shopfloor Management Systems und eine Prozessbeschreibung. Zuvor werden Shopfloor Management Systeme für die Modellbildung hinsichtlich der Dimensionen Mensch, Technik und Organisation strukturiert und wo notwendig abgegrenzt. Nach der fertigen Modellbildung und ausführlichen Darstellung des Modells erfolgt abschließend eine Validierung durch Experteninterviews.

4.1 Struktur und Systemgrenzen des Modells

Das Shopfloor Management System ist ein Führungssystem, das aus sozialen und technischen Teilsystemen besteht (siehe Kapitel 2.2). Nach ULICH sollten bei derartigen soziotechnischen Systemen der Technologieeinsatz und die Organisation gemeinsam betrachtet werden. Dafür eignet sich das *MTO-Konzept*, welches davon ausgeht, „[...] dass Mensch, Technik und Organisation in ihrer gegenseitigen Abhängigkeit und ihrem Zusammenwirken zu reflektieren sind.“ [ULIC13] Daher erfolgt die Strukturierung und

Abgrenzung des Shopfloor Management Systems im Folgenden anhand der Dimensionen Mensch, Technik und Organisation auf der Ebene der Organisationseinheiten[15].

4.1.1 Strukturierung und Abgrenzung in der Dimension Mensch

Um das Shopfloor Management System einordnen zu können bedarf es eines Verständnisses über die Gestaltenden, Nutzenden und Teilnehmenden des Systems[16]. Abbildung 25 zeigt einen Überblick über die im Shopfloor Management System agierenden Rollen. Dabei besteht zwischen den Rollen *Teammitglied*, *Schichtführung* und *technische Leitung* eine hierarchische Beziehung.

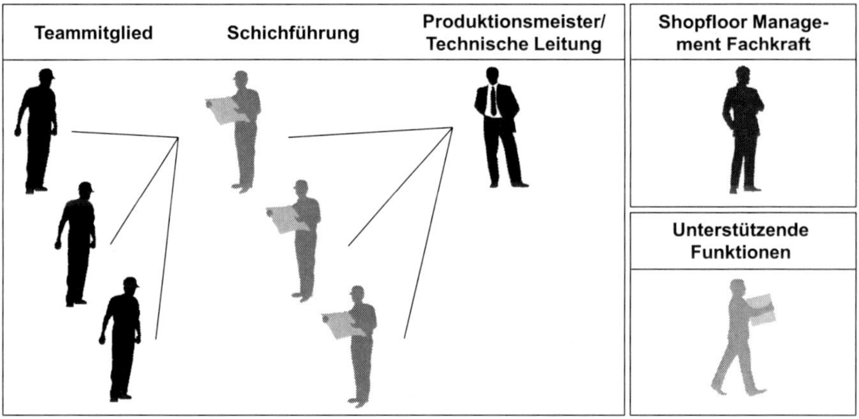

Abbildung 25: Rollen im Shopfloor Management

Im Folgenden werden die unterschiedlichen Rollen im Shopfloor Management System detailliert beschrieben:

Teammitglied: Das Teammitglied arbeitet im Produktionsprozess und besitzt die Expertise für diesen Prozess. Dessen Tätigkeiten im Rahmen des Shopfloor Management umfassen die Unterstützung von Verbesserungs- und Problemlöseprozessen durch die Einbringung der jeweiligen Expertise über die Produktionsprozesse. Es testet und implementiert Maßnahmen in Abstimmung mit der

[15] Die MTO-Analyse erfordert Untersuchungen auf den Ebenen Unternehmen, Organisationseinheit, Gruppe und Individuum [ULIC13]. Einmal auf Organisationsebene abgegrenzt, ließen sich auch die Ebenen Unternehmen, Gruppe und Individuum ableiten.

[16] Zu den unterschiedlichen Rollen in einem System vgl. auch [GRUN08]

Schichtführung. Weiterhin nimmt es an den Shopfloor Management Besprechungen teil und meldet Kennzahlen, Abweichungen und Störungen innerhalb ihres Arbeitsbereiches.

Schichtführung: Die Schichtführung ist Mitglied des Teams und i. d. R. fachliche Führungskraft der Teammitglieder. Dabei repräsentiert die Schichtführung die Identität des Teams in der Organisation. Im Rahmen des Shopfloor Managements moderiert die Schichtführung die Besprechungen mit ihrem Team, bereitet diese Besprechungen vor, sammelt relevante Daten und visualisiert diese. Sie ist verantwortlich für die Problemlösungs- und Verbesserungsaktivitäten in ihrem Team und identifiziert sowie antizipiert Abweichungen und Probleme während der Schicht. Schlussendlich nimmt sie zusammen mit anderen Schichtführungen an der Shopfloor Management Besprechung mit ihrer Führungskraft Teil und fungiert dabei als Schnittstelle zum eigenen Team.

Technische Leitung: Die Rollenbeschreibung des Produktionsmeisters, bzw. der technischen Leitung setzt in der Hierarchieebene über der Schichtführung an und erstreckt sich bis zur obersten Hierarchieebene des Produktionsbereiches eines Werkes (z. B. Werksleitung, Produktionsleitung). Ihre Tätigkeiten im Rahmen des Shopfloor Management umfassen die regelmäßige Präsenz am Ort der Wertschöpfung, das Moderieren der Besprechungen mit den Schichtführungen oder Führungskräften der darunterliegenden Ebenen sowie die Teilnahme an den Shopfloor Management Besprechungen mit der eigenen Führungskraft. Dabei definiert sie Zielzustände, ist verantwortlich für die Führung und Einhaltung der PDCA-Prozesse (Coaching, Befähigung) sowie für die Problemlösungs- und Verbesserungsaktivitäten in ihrem Bereich.

Shopfloor Management Fachkraft: Die Shopfloor Management Fachkraft unterstützt bei der Einführung des Shopfloor Management Systems und wirkt bei der Gestaltung der Elemente mit. Im Rahmen des Shopfloor Management steht sie der Schichtführung und weiteren Führungskräften in der Einführungsphase unterstützend zur Seite. Sie schult die im Shopfloor Management handelnden Personen und unterstützt die Veränderungsprozesse im Rahmen der Einführung von Shopfloor Management.

Unterstützende Funktionen: Die unterstützenden Funktionen arbeiten nicht direkt im Produktionsprozess, führen jedoch Tätigkeiten durch, die zur Wertschöpfung notwendig sind, z. B. Logistik, Instandhaltung und Qualitätssicherung. Abbildung 26 zeigt die wichtigsten unterstützenden Funktionen im Überblick. Deren

Funktionen im Rahmen des Shopfloor Management umfassen die Unterstützung von Problemlöse- und Verbesserungsaktivitäten durch Einbringen ihrer Expertise über die unterstützende Funktion. Sie testen und Implementieren Maßnahmen in Abstimmung mit der Produktion in ihrem Einflussbereich. Sie nehmen bei Bedarf an Shopfloor Management Besprechungen teil und informieren über Abweichungen und Störungen aus ihrem Bereich.

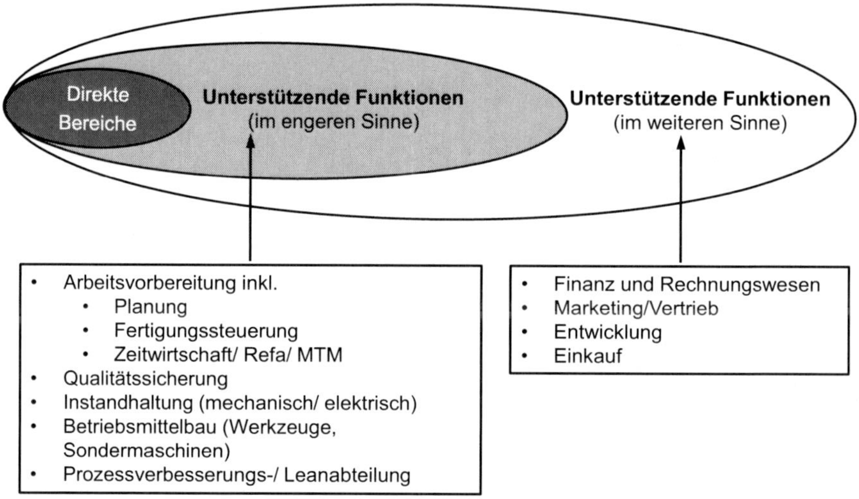

Abbildung 26: Unterstützende Funktionen im engeren und im weiteren Sinne

Für ein besseres Verständnis der unterschiedlichen Rollen und den damit verbundenen Kompetenzen zeigt Abbildung 27 typische Kompetenzen an den Beispielen eines Meisters/-in Fertigung und Montage sowie eines Ingenieurs/-in Qualitätssicherung.

Produktionsmeister/ Technische Leitung	Unterstützende Funktion
Meister/in Fertigung/Montage	**Ingenieur/in Qualitätssicherung**
• Verantwortliches Führen der zugeordneten Kostenstellen. Mitarbeit bei der Planung der technischen und personellen Ressourcen, der daraus abgeleiteten Kosten und Investitionen. • Die Erfüllung des Produktionsprogramms im zugeordneten Bereich in Bezug auf Qualität, Quantität, Termin und Wirtschaftlichkeit überwachen. Termine für Kundenauftrags- und Fertigungsauftrags-Positionen abgeben, abstimmen und die Einhaltung überwachen. • Bei Störungen und Engpässen den Arbeitsablauf und die Arbeitsmittel umdisponieren und Ausweichfertigung einleiten.	• Qualitätssicherung der zugewiesenen Produktgruppen. • Mitwirkung an Entwicklungsprojekten: Konzeption von Prüfplätzen, Abstimmung von Prüfabläufen und Prüfdokumenten. • Prüfmittelbeauftragter für alle elektrischen und elektronischen Prüfmittel. Prüfmittelüberwachung: Prüfmittel prüfen und markieren, Ergebnisse in einer Datenbank erfassen, Betreuung von exten durchgeführten Kalibrierungen.

Abbildung 27: Beispielhafte Rollen- und Kompetenzbeschreibung

4.1.2 Strukturierung und Abgrenzung in der Dimension Technik

Das Shopfloor Management System ist, wie die Bezeichnung Management bereits ausdrückt, ein für die Produktion entwickeltes Führungssystem. In sich benötigt es keine technischen Betriebsmittel, um angewendet werden zu können. Für die volle Wirkungsentfaltung spielt jedoch die Visualisierung der Shopfloor Management Elemente auf Tafeln sowie die Shopfloor Besprechung eine große Rolle (vgl. Abschnitt 2.2.5.3). Hierbei können technische Hilfsmittel zum Einsatz kommen, wobei man grundsätzlich zwischen einer analogen und einer digitalen Form der Hilfsmittel unterscheiden kann. Abbildung 28 zeigt solche technischen Hilfsmittel zur Visualisierung im Rahmen des Shopfloor Management – sowohl in analoger als auch in digitaler Form.

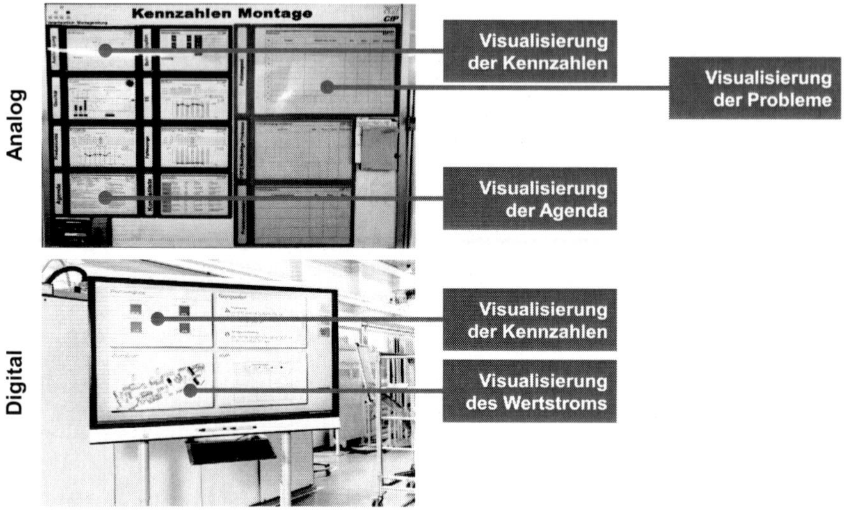

Abbildung 28: Technische Hilfsmittel zur Visualisierung von Shopfloor Management in analoger und digitaler Form

Die analoge Form der Darstellung erfolgt durch das Aushängen von aktuellen Kennzahlen und weiteren Informationen im Rahmen des Führungssystems an dafür vorgesehenen Tafeln in der Produktionshalle. Abbildung 28 zeigt eine analoge Form der Darstellung am Beispiel der Shopfloor Management Tafel der Montagegruppe in der Prozesslernfabrik CiP der Technischen Universität Darmstadt[17] mit Visualisierung von Kennzahlen, Problemen und der Besprechungsagenda. Diese Tafel wird dazu genutzt, um Leistungskennzahlen zu besprechen und daraus abgeleitete Maßnahmen und Probleme zu dokumentieren.

Im Zuge der Digitalisierung finden sich auch mehr und mehr digitale Formen der Darstellung in den Produktionshallen. Dabei werden im Vergleich zur analogen Darstellung nicht mehr sämtliche Informationen auf einmal dargestellt, sondern die gewünschten Informationen werden von Nutzern gezielt abgerufen [METT17b]. Die Folge davon sind kleinere benötigte Darstellungsflächen, eine größere Auswahl an potentiell zur Verfügung stehenden Informationen sowie eine komplexere Technik [HERT17a]. Abbil-

[17] Die Prozesslernfabrik CiP (Center für industrielle Produktivität) ist eine in 2007 gegründete Einrichtung zur Aus- und Weiterbildung von Studenten und Beschäftigten aus der Industrie zu Themen der schlanken Produktion und Industrie 4.0 (www.prozesslernfabrik.de)

dung 28 zeigt beispielhaft eine digitale Form der Darstellung realisiert durch ein interaktives Whiteboard. Für die weitere Modellbildung beschränkt sich die vorliegende Arbeit auf die analoge Form des Shopfloor Management.

4.1.3 Strukturierung und Abgrenzung in der Dimension Organisation

Zur Strukturierung und Abgrenzung von Shopfloor Management Systemen innerhalb von Organisationsstrukturen wird hier bereits eine vereinfachte Version des später detaillierten Prozessbeschreibungsmodells vorgezogen. Abbildung 29 zeigt für das Shopfloor Management relevante *Organisationsbereiche* (Produktion und Logistik, Strategie und Controlling, Personal) und *Tätigkeitsbereiche* (Produktionsprozess, Shopfloor Management, Problemlösungsmanagement, Leistungsmanagement, Personalmanagement) eines Produktionsbetriebes. Wie schon zuvor gezeigt umspannt das Shopfloor Management als Führungssystem Aufgaben und Tätigkeiten aus vielen Bereichen (vgl. Kapitel 2.2). Für ein besseres Verständnis des Shopfloor Managements werden dessen Beziehung zu anderen Organisationsbereichen aufgezeigt und die sich dabei ergebenden Schnittstellen beschrieben. Wie in Abbildung 29 dargestellt ergeben sich für das Shopfloor Management Schnittstellen zum *Produktionsprozess*, zum *Problemlösungsmanagement*, zum *Leistungsmanagement* sowie zum *Personalmanagement*.[18]

[18] Sowohl der Produktionsprozess, als auch das Problemlöse-, Leistungs- und Personalmanagement sind hier im Rahmen des Shopfloor Management zu verstehen, so dass die hier gezeigten und beschriebenen Bestandteile dieser Bereiche lediglich einen Ausschnitt der gesamten Aktivitäten in diesen Bereichen darstellen – nämlich die für das Shopfloor Management relevanten.

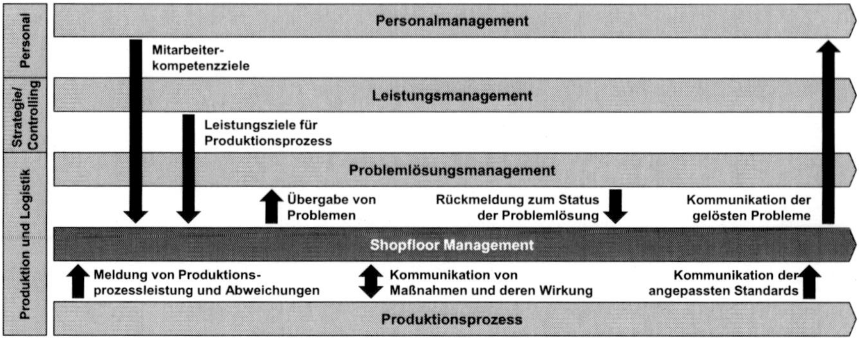

Abbildung 29: Schnittstellen im Prozessbeschreibungsmodell von Shopfloor Management Systemen in vereinfachter Darstellung

4.1.3.1 Schnittstelle zum Produktionsprozess

Das Shopfloor Management und der Produktionsprozess sind sehr eng mit einander verbunden, insbesondere da das Shopfloor Management als Führungssystem den Produktionsprozess leiten und steuern soll. Im Folgenden werden die unterschiedlichen Informationen beschrieben, die zwischen beiden Bereichen fließen.

Die *aktuelle Produktionsprozessleistung* wird je nach Shopfloor Management System entweder kontinuierlich oder in fest vereinbarten Intervallen an das Shopfloor Management weitergegeben. Welche Elemente der Produktionsprozessleistung an das Shopfloor Management weitergegeben werden, sind vorher festzulegen und werden dem Produktionsprozess mitgeteilt. Die Informationsstruktur der aktuellen Produktionsleistung PPL beinhaltet den Bereich b, den Zeitpunkt oder Zeitraum t sowie den Leistungswert $x_{leistung}$ und ist wie folgt definiert[19]:

$$PPL(b,t) = \{b, t, x_{leistung}\}$$

Zum Beispiel:

$$PPL(b,t) = \{\text{Montage}, 21.06.2017\ 14{:}00, 100\ \text{Stk. produzierte Einheiten}\}$$

[19] In der theoretischen Informatik werden Datenreihen in der Regel wie folgt dargestellt: {X, Y, Z}. Siehe dazu auch [HROM11], [SCHN12].

Um sämtliche *Abweichungen im Produktionsprozess* in der Shopfloor Management Besprechung behandeln zu können, werden diese der zuständigen Führungskraft gemeldet. Dies geschieht entweder ad hoc nach dem Auftreten der Abweichung oder gesammelt am Ende einer Schicht. Dabei folgt auch hier die Informationsstruktur der Produktionsprozessabweichung *PPA* einem definierten Format und beinhaltet neben dem Bereich *b*, dem Zeitpunkt t auch die Abweichungsbeschreibung $x_{abweichung}$:

$$PPA(b,t) = \{b, t, x_{abweichung}\}$$

Beispiele für Abweichungsbeschreibungen in der Produktion finden sich bei KEPNER UND TREGOE [KEPN06].

Ist für ein identifiziertes Problem eine mögliche Ursache gefunden worden, fließen die Informationen entweder direkt aus der systematischen Problemlösung oder über das Shopfloor Management in den Produktionsprozess. Die *Informationen über die Ursachenfindung IUF* stößt im Produktionsprozess den PDCA-Zyklus an, mit dem Ziel die Ursache für das identifizierte Problem nachhaltig abzustellen. Die Struktur dieser Information beinhaltet neben dem Bereich b, dem Zeitpunkt t auch die Information $x_{ursache}$ selbst und ist folgendermaßen aufgebaut:

$$IUF(b,t) = \{b, t, x_{ursache}\}$$

Je nach implementierten Problemlösungsprozess kann $x_{ursache}$ unterschiedlich strukturiert sein. Sowohl LIKER als auch KEPNER UND TREGOE geben Beispiele für eine Ursachenbeschreibung aus der schlanken Produktion [KEPN06], [LIKE06].

Schließlich fließen nach erfolgreicher Durchführung des PDCA-Zyklus und die damit verbundene Abschließung des Problemlöseprozesses die Informationen darüber in Form von *angepassten Standards* zurück ins Shopfloor Management. Diese beschreiben genau die Änderungen im Produktionsprozess, um ein wiederholtes Auftreten des zuvor identifizierten Problems zu vermeiden. Dazu werden sie schicht- und bereichsübergreifend über das Shopfloor Management kommuniziert.

4.1.3.2 Schnittstelle zum Problemlösungsmanagement

Das Shopfloor Management kommuniziert immer dann mit dem Problemlösungsmanagement, wenn in der Abweichungsanalyse ein Problem p identifiziert wurde. Dieses wird im Rahmen des Shopfloor Managements an ein Problemlösungsteam übergeben, welches daraufhin im Rahmen des Problemlösungsmanagements an der systematischen

Problemlösung bzw. Ursachenfindung arbeitet. Das Problem p enthält neben der Information über den Bereich b und den Zeitpunkt t auch eine Bezeichnung des Problems $x_{Problembezeichnung}$ und die Problembeschreibung $x_{Problembeschreibung}$:

$$p(b,t) = \{\mathrm{b}, \mathrm{t}, \mathrm{x}_{\mathrm{Problembezeichnung}}, \mathrm{x}_{\mathrm{Problembeschreibung}}\}$$

Aus der Übergabe des Problems an das Problemlösungsmanagement und die daran anschließende Problemlösung folgt die Information über die Ursachenfindung (IUF) zurück an das Shopfloor Management.

4.1.3.3 Schnittstelle zum Leistungsmanagement

Unter *Leistungsmanagement* (auch *Performance Management*) versteht man die Leistungssteuerung von Unternehmen oder Abteilungen mit dem Ziel der kontinuierlichen Verbesserung der Leistungserbringung [LUX10]. Aufgabe des Leistungsmanagement ist u. a. aus Unternehmensstrategien konkrete Ziele zu formulieren und diese Ziele mit Kennzahlen zu verknüpfen. Damit ergibt sich die Schnittstelle zum Shopfloor Management als die regelmäßige Kommunikation von Leistungszielen für den jeweiligen Produktionsprozess. Für jede Leistungskennzahl *KPI* des Bereichs b sieht die Informationsstruktur der Leistungsziele KPI_{ziel} wie folgt aus:

$$KPI_{ziel}(b, KPI) = \{\mathrm{b}, \mathrm{KPI}, \mathrm{Zielwert}\}$$

4.1.3.4 Schnittstelle zum Personalmanagement

Das Personalmanagement wird mittlerweile als Synonym für die Personalwirtschaft verwendet [NICO09] und ist die Gesamtheit der beschäftigtenbezogenen Gestaltungs- und Verwaltungsaufgaben im Unternehmen [OLFE10], u. a. Personalbeschaffung, -einsatz, -beurteilung, -führung, -entwicklung, -freisetzung und -controlling [BRÖC12].

Unter Personalentwicklung, als Teil des Personalmanagements, versteht man die Summe der Tätigkeiten, die nach einem Konzept für das Personal systematisch vollzogen werden [BERT13]. Sie bezieht Beschäftigte aller Hierarchieebenen ein und beinhaltet die Veränderung ihrer Qualifikation und Leistung durch Bildung und Karriereplanung. Das Ziel ist die Entfaltung der Qualifikationspotentiale der Beschäftigten durch individuelle Aktivierungsmaßnahmen [BERT13]. Besonders im Bereich der Produktion lassen sich mithilfe des Shopfloor Managements Entwicklungspotentiale der Beschäftigten durch die systematische Problemlösung aktivieren. Abbildung 30 zeigt den Prozess der Personalentwicklung nach [BERT13].

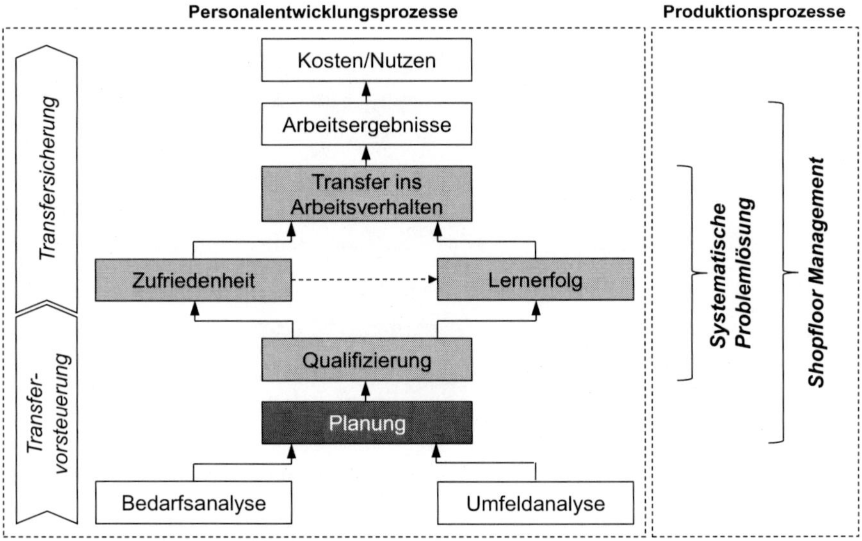

Abbildung 30: Prozess der Personalentwicklung i. A. a. [BERT13] und deren Verknüpfung zu Shopfloor Management und systematischer Problemlösung

Die hier dargestellten Prozessschritte *Qualifizierung*, *Zufriedenheit/Lernerfolg* und *Transfer ins Arbeitsverhalten* finden alle im Rahmen der systematischen Problemlösung statt, gesteuert durch das Shopfloor Management. D. h. richtig durchgeführt lässt sich ein Kernstück der Personalentwicklung ohne erheblichen Zusatzaufwand in die Routinen der systematischen Verbesserung der betrieblichen Leistungen integrieren.

Die Schnittstellen zwischen Shopfloor Management und dem Personalmanagement finden sich vor allem in der *Planungsphase* des Personalentwicklungsprozesses. Hier bedarf es einer Evaluierung der Beschäftigtenkompetenzen, um individuelle Beschäftigtenkompetenzziele identifizieren zu können. Ähnlich der Schnittstelle zum Leistungsmanagement ergibt sich daraus eine regelmäßige Kommunikation der Beschäftigtenkompetenzziele an die jeweiligen Produktionsbereiche, d. h. für jeden Beschäftigten M_i eines Teams über die jeweiligen Kompetenzen des Teams K.[20] Darüber hinaus können die *Arbeitsergebnisse* der systematischen Problemlösung mithilfe des Shopfloor Managements zurück in die Produktionsprozesse getragen werden.

[20] Für eine ausführliche Beschreibung der Beschäftigtenkompetenzen und -ziele wird auf Kapitel 5 verwiesen.

4.2 Modellbildung und -beschreibung

Das Beschreibungsmodell zu Shopfloor Management Systemen besteht aus zwei Teilen. Im ersten Teil werden die Kernelemente eines Shopfloor Management Systems aufgezeigt und detailliert beschrieben. Darüber hinaus wird auf die Ziele, Voraussetzungen und Querschnittselemente eines Shopfloor Management Systems eingegangen. Damit beschreibt Teil I des Beschreibungsmodells vor allem *was* Bestandteil eines Shopfloor Management Systems ist und wie die einzelnen Bestandteile zusammenhängen.

Der zweite Teil stellt eine Prozessbeschreibung des Shopfloor Management Systems dar und erklärt die Zusammenhänge und Schnittstellen zwischen Organisationseinheiten. Teil II beschreibt damit insbesondere *wie* Abläufe von Shopfloor Management Systemen funktionieren.

4.2.1 Beschreibungsmodell Shopfloor Management Systeme – Teil I: Elemente

Das Beschreibungsmodell der Elemente von Shopfloor Management Systemen gliedert sich in die Konsolidierung der Ziele von Shopfloor Management Systemen sowie der Ableitung von Zieldimensionen, die Voraussetzungen von Shopfloor Management Systemen sowie deren Handlungsfelder und Querschnittselemente.

4.2.1.1 Ziele von Shopfloor Management Systemen

Wie bereits in Kapitel 2.2 dargestellt, gibt es in Wissenschaft und Praxis unterschiedlichste Auffassungen über die Methode Shopfloor Management, so auch über ihre Ziele. Jedoch lassen sich aus der gängigen Literatur einige übergreifende Ziele herausarbeiten.

Mit der effizienten Gestaltung von Wertströmen entstehen zunehmend kürzere Kommunikationswege, um schnelle Informationsflüsse zu erreichen [HÖLZ14]. Dem Personal auf dem Shopfloor wird mehr Verantwortung übertragen, sowohl disziplinarisch als auch bezüglich der Aufgaben [LOWE93]. Gerade von Schicht- und Teamleitungen wird neben Planungs- und Organisationsaufgaben erwartet ihre Beschäftigten beim Bewältigen ihrer alltäglichen Probleme methodisch zu unterstützen. Ein weiterer Aspekt schlanker Produktionssysteme ist die steigende Anforderung an Beschäftigte in der Produktion. Die Kompetenzen für Methoden wie Source Inspection (zu dt. in etwa „Abnahmeprüfung“), Arbeiten in kleinen Teams oder systematische Problemlösung erfordern die Entwicklung von Beschäftigten [STAN99]. Da die Beschäftigten in der Produktion den besten Überblick über ihre Prozesse und Tätigkeiten haben, sollten sie in der Lage sein sämtliche relevanten Kennzahlen aus ihrem Bereich aufzunehmen und zu interpretieren

[KUDE13]. Somit ist die aufgabenorientierte Entwicklung von Beschäftigtenkompetenzen sowie die Entwicklung von Führungskräften am Ort der Wertschöpfung zu methodischen Coaches ein wesentliches Ziel von Shopfloor Management Systemen.

Ein Kritikpunkt bei der Einführung von Methoden der schlanken Produktion ist deren kurzfristiger positiver Effekt, der über die Zeit abnehmen kann [HEIN13], [GRUN13], [DREW04]. Dabei wird häufig der nicht stattfindende Kulturwandel in den Unternehmen genannt, der bei einem Übergang von einem klassischen Produktionssystem zu einem schlanken Produktionssystem stattfinden muss [KUDE13]. Neben der Einführung von Methoden der schlanken Produktion geht es beim Shopfloor Management auch darum „[...] kontinuierliche Verbesserung nachhaltig zu betreiben [...]“ [VERE13], d. h. Produktionsprozesse regelmäßig weiterzuentwickeln. Daraus ergibt sich das zweite Ziel von Shopfloor Management Systemen: Die nachhaltige Einführung sowie die Stabilisierung und Verbesserung von neuen Methoden und Prozessen.

Abgesehen von der Unterstützung von Gestaltungsprinzipien der schlanken Produktion steht hinter der Einführung von Shopfloor Management Systemen immer auch das Ziel operative Kennzahlen zu verbessern. Daher ist die systematische Verfolgung und Verbesserung von Leistungskennzahlen ein weiteres Ziel [PETE09]. Beispiele für die Verbesserung der Qualität, Effizienz und Lieferfähigkeit durch die Einführung von Shopfloor Management Systemen werden in [RIEG11], [HEIN13], [ILLI12], [ILLI11] genannt.

Die genannten Ziele von Shopfloor Management Systemen lassen sich in die drei Zieldimensionen *Prozessausführung*, *Prozessverbesserung* und *Beschäftigtenentwicklung* kategorisieren (siehe Tabelle 4). In diesen Zieldimensionen entfalten sich über verschiedene Zeithorizonte bzw. Managementintervalle (Stunde, Tag, Woche, Monat) weitere Unterziele des Shopfloor Management.

Tabelle 4: Ziele von Shopfloor Management Systemen i. A. a. [HERT17d]

		Zieldimensionen		
		Prozessausführung (Verfolgung und Verbesserung von Leistungskennzahlen)	**Prozessverbesserung** (Nachhaltige Einführung von neuen Prozessen, stabilisieren und verbessern)	**Beschäftigtenentwicklung** (Weiterentwicklung von Beschäftigten- und Führungskompetenzen)
Managementintervall	≥ Monat	Erreichen der Unternehmensziele	Verbesserungsprojekte vorantreiben; Beschäftigtenkompetenzen aufbauen	
	Tag – Woche	Erfüllung der Kundenaufträge	Probleme erkennen und lösen; Problemlösungskompetenz der Beschäftigten nutzen	
	Stunde – Tag	Kapazitäten/ Ausbringung sichern; Keine Defekte	Stabile Produktionsprozesse	Einsatz angemessen qualifizierter Beschäftigter

4.2.1.2 Voraussetzung von Shopfloor Management Systemen

Beim Einsatz von Shopfloor Management ohne eine grundlegende *Basisstabilität* der Produktionsprozesse droht die Gefahr, dass zu viele Probleme das neu geschaffene Führungssystem überlasten. Daher ist es entscheidend vor dem Einsatz von Shopfloor Management Produktionsprozesse und Anlagen zu stabilisieren. Die Schaffung einer Basisstabilität beinhaltet dabei große Verlustquellen zu eliminieren, technische Verfügbarkeit zu verbessern, Variabilität zu eliminieren sowie technische Prozessstabilität zu erreichen [LIKE06]. Aufbauend auf der Basisstabilität folgt die Einführung von *Standards* in die Produktionsumgebung des entsprechenden Bereichs. Nur durch die Festlegung von Standards bezüglich der Produktionsprozesse sowie deren Erzeugnisse ist es möglich Abweichungen zu erkennen. Dies erfordert u. a. wiederholbare Arbeitsabläufe zu schaffen, klar definierte Erwartungen an Prozesse einzuführen sowie die Sicherstellung von Konsistenz in allen Arbeitselementen [LIKE06].

4.2.1.3 Handlungsfelder und Querschnittselemente

Die Analyse bestehender Shopfloor Management Beschreibungen ordnet, je nach Quelle, dem Shopfloor Management unterschiedliche Inhalte zu (vgl. Tabelle 2). Das in dieser Arbeit entwickelte Shopfloor Management System-Modell integriert diese Inhalte zu fünf verschiedenen Handlungsfeldern, nämlich: *Performance Management*, *Problemlösungsmanagement*, *Führen vor Ort*, *Glass Wall Management* und *Kompetenzmanagement*. Diese Handlungsfelder müssen adressiert werden, um ein ausbalanciertes, ganzheitliches Shopfloor Management zu erreichen. In Abbildung 31 sind die fünf Handlungsfelder dargestellt und werden im Folgenden ausführlich beschrieben.

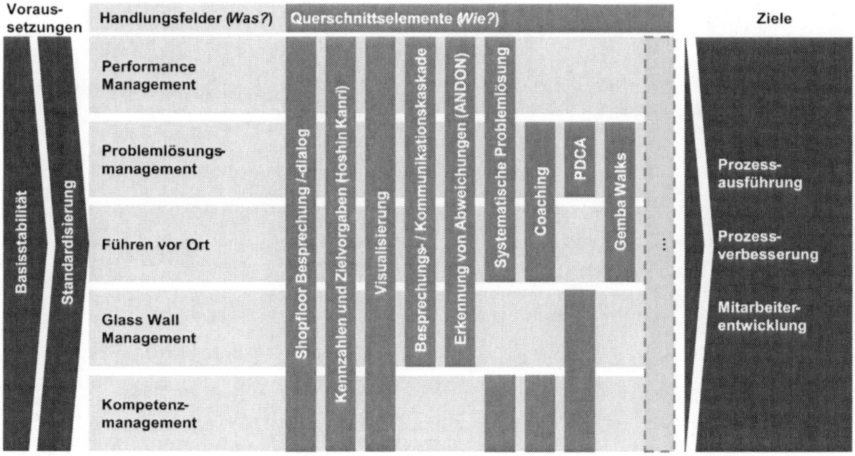

Abbildung 31: Beschreibungsmodell der Elemente von Shopfloor Management Systemen [HERT17d]

Die Nutzung von Kennzahlen zur Führung und Steuerung der Produktion in einer transparenten Art und Weise ist das mit am häufigsten genannte Element von Shopfloor Management Systemen [PETE09], [ILLI11], [SUZA93], [VERE13]. Der Fokus sollte dabei auf wenigen, für den entsprechenden Bereich geeigneten Kennzahlen liegen. Darüber hinaus sollten die Kennzahlen so nah wie möglich am Ort der Beeinflussung visualisiert werden [FULL09]. Neben den Kennzahlen spielt im *Performance Management* auch die Auftrags- und Arbeitsplanung eine wichtige Rolle, d. h. die regelmäßige Besprechung und Disposition von Aufträgen innerhalb des Teams.

Shopfloor Management Systeme sind eng mit der systematischen Problemlösung und kontinuierlichen Verbesserung verknüpft. Das Handlungsfeld *Problemlösungsmanagement* adressiert diese starke Verbindung. Mithilfe von Visualisierungen an Shopfloor Boards und durch regelmäßige Shopfloor Besprechungen kann ein Shopfloor Management System die systematische Problemlösung und kontinuierliche Verbesserung unterstützen und fördern [RIEG11], [MACD97], z. B. durch ausgehängte A3-Reports/ PDCA-Zyklen und den aktuellen Stand der Verbesserungs-KATA [ILLI11].

Shopfloor Management Systeme haben ihren Fokus auf dem *Führen am Ort der Wertschöpfung*. In der Produktion bedeutet das die Werkstatt und angrenzende Bereiche. Um die Aufmerksamkeit von Führungskräften wieder verstärkt dahin zu lenken, unterstützen Shopfloor Management Systeme durch tägliche Routinen („Gemba Walks“) und regelmäßige Shopfloor Besprechungen mit dem Team [RIEG11], [GRUN13],

[KRIS07]. Dadurch sollen Führungskräfte in die Lage versetzt werden ihre Führungsaufgaben („Leader Standard Work", vgl. [LIKE06]) auf den Ort der Wertschöpfung auszurichten. Das wiederum steigert die Motivation der Beschäftigten und unterstützt Problemlösungs- und Verbesserungsprozesse [DOMB14], [DREW04].

Glasswall Management ist ein weiteres Handlungsfeld des Shopfloor Managements, welches eine Vielzahl an Verknüpfungen zu weiteren Handlungsfeldern und Querschnittselementen aufweist. Glasswall Management bedeutet innerhalb der Organisation überschaubare Arbeitseinheiten („Mini-Company") zu identifiziert, die selbstverantwortlich ihre Ziele verfolgen. Dabei werden Produktionskennzahlen, Arbeitsprozesse, Abweichungen und Probleme mithilfe von Visualisierungen so transparent dargestellt, dass selbst Fremde ohne Fragen stellen zu müssen die Abläufe und den aktuellen Status des Produktionsbereichs verstehen [SUZA10]. Neben der Schaffung von Transparenz tragen die im Rahmen des Glasswall Managements geschaffenen selbstverantwortlichen Arbeitseinheiten zur Motivation, zum Ideenaustausch sowie zum Selbstmanagement bei [SUZA10].

Neben den auf dem Shopfloor präsenten Führungskräften ist eine weitere Komponente von erfolgreichen Shopfloor Management Systemen die Förderung von Beschäftigtenkompetenzen. Beschäftige auf dem Shopfloor sind eine der wichtigsten Ressourcen von Produktionsunternehmen und ein wichtiger Treiber für Veränderungen im Produktionssystem [RÖHR09]. Daher müssen die Potentiale der Beschäftigten genutzt und deren Kompetenzen und Fähigkeiten durch gezieltes *Kompetenzmanagement* weiter ausgebaut werden [GRUN13], [ABEL11a].

4.2.2 Beschreibungsmodell Shopfloor Management Systeme – Teil II: Prozesse

Zur Systematisierung und Darstellung des Beschreibungsmodells für ein Shopfloor Management System wird auf die Geschäftsprozessmodellierungsnotation[21] BUSINESS PROCESS MODEL AND NOTATION 2.0 (BPMN 2.0) zurückgegriffen. Diese Notation eignet sich, um bestehende Prozesse zu dokumentieren und ist bereits über die ISO-Norm ISO/IEC 19510:2013 standardisiert [ISO/13], [FREU14]. Dabei erhebt die BMPN 2.0 den Anspruch sowohl technische, als auch fachlich ausgerichtete Modelle erstellen zu

[21] In der Literatur werden die Begriffe „Geschäftsprozess" und „Prozess" meistens synonym verwendet. Dabei stellen die Geschäftsprozesse im eigentlichen Sinne eine Unterkategorie von Prozessen dar, deren Eigenschaft in der unmittelbaren Ausrichtung auf die Stiftung von Kundennutzen und Sicherung der Wettbewerbsfähigkeit von Unternehmen liegt. [KOCH15]

können [ALLW15]. Als Prozess wird hier eine Struktur verstanden, deren „[...] Elemente Aufgaben, Aufgabenträger, Sachmittel und Informationen sind, die durch logische Folgebeziehungen verknüpft sind." [FISC13] Hinzukommen ein definiertes Startereignis (Input) sowie ein Ergebnis (Output). Die BPMN 2.0 besteht in ihrer Grundform aus Flussobjekten, verbindenden Objekten, Teilnehmern, Daten und Artefakten. Sie spiegelt wesentlich genauer als andere Modellierungsnotationen die realen Prozessabläufe wider und hat zum Ziel Prozesse so exakt zu beschreiben, dass sie im Idealfall technisch ausgeführt werden können [FISC13]. Abschnitt 4.2 befasst sich im Folgenden mit der Prozessdefinition des Beschreibungsmodells, um das Modell für ein Shopfloor Management System besser einordnen zu können. Anschließend daran folgt die Beschreibung des Modells als Kollaborationsdiagramm in der BPMN 2.0.

4.2.2.1 Prozessdefinition des Beschreibungsmodells

Nach FISCHERMANNS sind die fünf wesentlichen Bestandteile einer Prozessdefinition [FISC13]:

1. Startereignis/ Ergebnis
2. Kunde
3. Wert
4. Elemente der Folgebeziehungen
5. Dimensionen

Zur Systematisierung des Modells für ein Shopfloor Management System werden die Bestandteile 1-3 und 5 näher erläutert. Die Elemente der Folgebeziehung ergeben sich aus der Modellierung in BPMN 2.0 in Abschnitt 4.2.2.2.

Startereignis/ Ergebnis

Im Rahmen des Shopfloor Management gibt es mehrere Startereignisse für die verschiedenen Tätigkeitsbereiche. Sowohl das Leistungsmanagement als auch das Personalmanagement sind ein kontinuierlich laufender Prozess mit einem *unbestimmten Startereignis*, d. h. in beiden Fällen gibt es kein auslösendes Ereignis. Das Startereignis für den Produktionsprozess ist eine *auftretende Abweichung*. Das Shopfloor Management schließlich startet durch das zeitliche Ereignis der nächsten stattfindenden *Shopfloor Management Besprechung*. Der gesamte Geschäftsprozess zusammengenommen strebt im Ergebnis nach einem verbesserten, weiterentwickelten Produktionsprozess.

Kunden und Werte

Das in Abschnitt 4.2.1 beschriebene Shopfloor Management System bedient zwei interne Kunden. Zum einen dient es der Organisationsentwicklung durch Leistungsverbesserung in den Produktionsprozessen. Hier ist die Organisation mit ihrer Führung und Führungskräften selbst der Kunde des Systems und profitiert von dem Informationsaustausch sowie von der systematischen Lösung von Problemen in den betrieblichen Abläufen. Führungskräfte profitieren von einem Werkzeug, um ihre Teammitglieder am Ort der Wertschöpfung zu führen. Zum anderen sind die Beschäftigten, die im Shopfloor Management System arbeiten, Kunden des Systems und erwerben durch die Arbeit im System neue Methodenkompetenzen. Der Wert eines Shopfloor Management Systems liegt, wie bereits in Abschnitt 4.2.1.1 beschrieben, in der Verfolgung und Verbesserung von Leistungskennzahlen, der nachhaltigen Einführung und Stabilisierung von neuen Prozessen und Methoden sowie der Weiterentwicklung von Beschäftigten- und Führungskompetenzen.

Dimensionen

Das Modell für ein Shopfloor Management System wurde bereits hinsichtlich der Dimensionen Mensch, Technik und Organisation strukturiert. Das Shopfloor Management ist jedoch keine lineare Abfolge von Prozessen, sondern besteht viel mehr aus einer Verschachtelung von Instanzen des Produktionsprozesses, der Shopfloor Management Besprechung und des Problemlösungsmanagements. Für ein besseres Verständnis dieser Instanzen und ihren Beziehungen untereinander werden im Folgenden die beiden Dimensionen *Zeit und Raum* detailliert beschrieben. Hierfür werden die verschiedenen Tätigkeitsbereiche individuell betrachtet.

Produktionsprozess: Die für das Shopfloor Management relevanten Schritte des Produktionsprozesses finden *räumlich abgegrenzt* in der Werkshalle des Betriebes statt. In Einzelfällen kann es vorkommen, dass Produktionsprozesse werkshallen- oder standortübergreifend sind. In diesen Fällen wären dem Produktionsprozess mehrere Shopfloor Management Prozesse zugeordnet, so dass sich diese wieder räumlich abgrenzen lassen. Zeitlich startet mit jeder Produktionsprozessabweichung eine neue Instanz PPA_i mit $i = 1 \dots n$. Dabei sind die einzelnen Instanzen der Produktionsprozessaktivitäten abgegrenzt, jedoch kann vom Ereignis einer auftretenden Abweichung bis zu angepassten Standards (Abschluss des PDCA-Zyklus) eine längere Zeit vergehen.

Shopfloor Management: Ähnlich dem Produktionsprozess finden auch die Shopfloor Management Prozesse *zeitlich und räumlich abgegrenzt* statt. Dabei besitzen die materiellen Elemente des Shopfloor Management eine gewisse Mobilität (Shopfloor Boards, o. Ä.), sind jedoch meistens eng an den Produktionsprozess geknüpft. Die zeitliche Dimension unterscheidet sich von den Produktionsprozessen insoweit, als dass es sich hier um feste, zeitlich regelmäßige Instanzen SM_j mit $j \in \{\text{Datumsmenge}\}$[22] handelt, die $\sum_{i=0}^{x} PPA_i$ Abweichungen aus den Produktionsprozessen behandeln.

Problemlösemanagement: Die *räumliche* Eingrenzung des Problemlösemanagements ist äquivalent dem des Shopfloor Managements. Bei der zeitlichen Eingrenzung entsteht mit jedem Problem, welches einem Problemlösungsteam übergeben wird, eine neue Instanz PM_k als Teilmenge aus PPA_i, d. h. $\forall x \in PM: x \in PPA$. Die Instanzen des Problemlösemanagements finden zeitlich versetzt zu den aufgetretenen Abweichungen im Produktionsprozess statt.

Leistungs-/ Personalmanagement: Sowohl das Leistungs- als auch das Personalmanagement sind als *ortsunabhängige* Prozesse gestaltet, die an keine festen Räumlichkeiten gebunden sind. Es ist auch nicht notwendig, dass diese am gleichen Standort wie die Produktionsprozesse stattfinden. Ebenfalls sind beide Prozesse kontinuierlich, d. h. es gibt keine zwingende *zeitliche* Beschränkung.

Abbildung 32 visualisiert die oben beschriebenen zeitlichen Eingrenzungen anhand einer Zeitachse.

[22] Unter Datumsmenge wird hier eine zuvor bestimmte Regelmäßigkeit an Shopfloor Management Besprechungen verstanden, z. B. $\{Montag, Dienstag, Mittwoch, \ldots\}, \{KW1, KW2, KW3, \ldots\}$ $oder$ $\{Januar, Februar, \ldots\}$

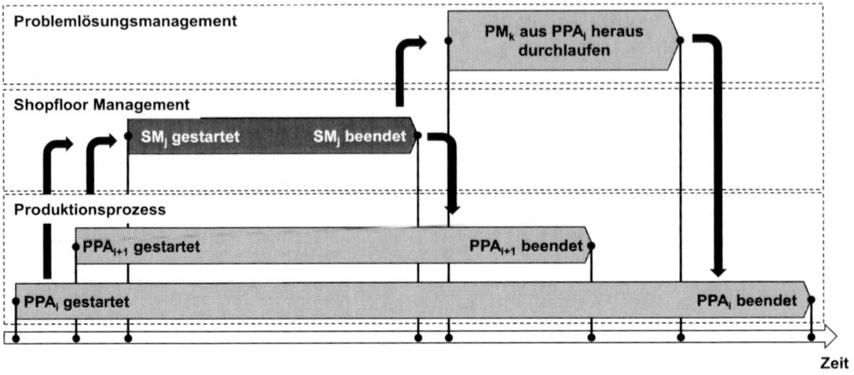

Abbildung 32: Visualisierung der zeitlichen Eingrenzungen der Shopfloor Management Prozesse

4.2.2.2 Beschreibung des Modells für ein Shopfloor Management System

Die Beschreibung des Modells für ein Shopfloor Management System gliedert sich in die Organisationsbereiche *Produktion und Logistik, Strategie und Controlling, Personal* und die Tätigkeitsbereiche *Produktionsprozesse, Shopfloor Management, Problemlösungsmanagement, Leistungsmanagement und Personalmanagement* und ist in Abbildung 33 dargestellt. Die Organisationsbereiche und Abläufe des Beschreibungsmodells orientieren sich dabei an typischen betrieblichen Abläufen in produzierenden Unternehmen. Das hier vorgestellte Beschreibungsmodell lässt sich jedoch an betriebsspezifische Besonderheiten anpassen. Im Folgenden werden sämtliche Tätigkeitsbereiche mitsamt ihren Teilprozessen (TP) und Verknüpfungen der Reihe nach beschrieben – beginnend bei einer auftretenden Abweichung im Produktionsprozess.

Ablauf im Produktionsprozess

Der Produktionsprozess startet mit dem Ereignis einer auftretenden Abweichung in der Produktion. Diese Abweichung kann sich bspw. in Form von nicht montierbaren Teilen, über fehlendes Material bis hin zu falschen Zeichnungen zeigen. Daran schließen sich zwei mögliche Ereignisse an, die einzeln aber auch gleichzeitig auftreten können: Erstens, die Abweichung beeinflusst die Produktionsprozessleistung, z. B. in Form von zu geringer Stückzahl oder schlechter Qualität. Oder zweitens, die Abweichung wird von Beschäftigten im Produktionsprozess erkannt. Dies erfolgt in der Regel direkt von den Beschäftigten im Produktionsprozess, kann aber auch zusammen mit der Führungskraft (Schichtführung) oder der Qualitätssicherung bzw. Konstruktion geschehen.

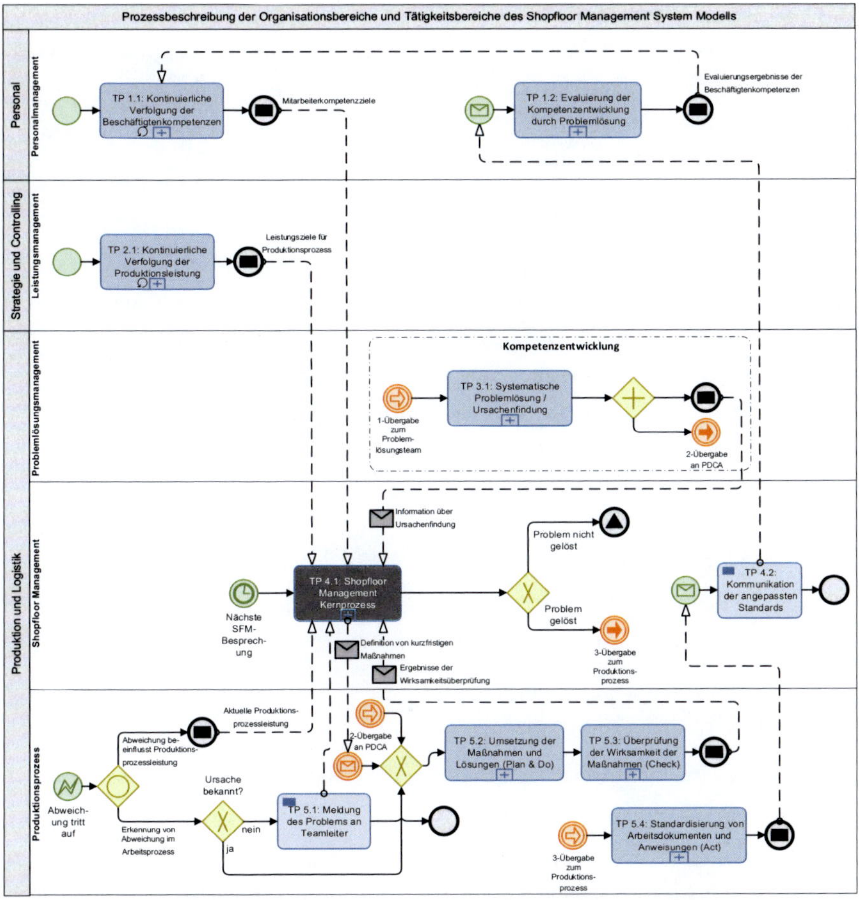

Abbildung 33: Beschreibungsmodell Shopfloor Management in BPMN 2.0 Notation

Im ersteren Fall – die Abweichung beeinflusst die Produktionsprozessleistung – fließt die Information wie in Abschnitt 4.1.3.1 beschrieben ans Shopfloor Management. Im zweiten Fall muss die Frage beantwortet werden, ob die *Ursache für die Abweichung bekannt ist*. Ist die Ursache für die Abweichung nicht bekannt, definiert diese Eigenschaft zusammen mit der Abweichung von einem Soll-Zustand ein Problem, welches daraufhin an die Schichtführung gemeldet wird (TP 5.1). Auch diese Information fließt anschließend ans Shopfloor Management. Ist die Ursache für die Abweichung hingegen bekannt, wird die Abweichung mittels PDCA-Zyklen bearbeitet, d. h. Maßnahmen und Lösungen zum Abstellen der Abweichung werden geplant und umgesetzt (TP 5.2) und anschließend auf Wirksamkeit überprüft (TP 5.3). Erst wenn im Team (im Rahmen einer Shopfloor Management Besprechung) die erfolgreiche Umsetzung der Maßnahmen beschlossen wurde, werden Arbeitsdokumente und Anweisungen entsprechend standardisiert (TP 5.4). Geänderte Standards werden daraufhin an das Shopfloor Management kommuniziert (siehe Abschnitt 4.1.3.1).

Ablauf im Shopfloor Management

Der Prozess des Shopfloor Management beginnt mit der nächsten Shopfloor Management Besprechung (TP 4.1). Dabei ist wichtig, dass die Shopfloor Management Besprechungen regelmäßig stattfinden, z. B. stets zu Schichtbeginn. Es werden hierbei die Kennzahlen seit der letzten Besprechung analysiert und hinsichtlich *Abweichungen zum Soll-Wert geprüft* (TP 4.1.1, vgl. Abbildung 34). Zusammen mit den gemeldeten Problemen aus dem Produktionsprozess werden nun sämtliche Abweichungen, die seit der letzten Shopfloor Management Besprechung aufgetreten sind, von der Schichtführung zusammengetragen. In der anschließenden Abweichungsanalyse (TP 4.1.2) wird für jede Abweichung entschieden:

- Kann die Abweichung in dem jeweiligen Team bearbeitet werden oder ist eine Eskalation zur nächsten Hierarchieebene notwendig?
- Müssen kurzfristige Maßnahmen definiert werden, um etwaige Schäden durch die Abweichung zu begrenzen?
- Ist die Ursache bekannt und kann die Abweichung durch Maßnahmen behoben werden oder ist es ein Problem?

Je nachdem wird die Abweichung an die *nächste Hierarchieebene eskaliert* (TP 4.1.4), es werden *kurzfristige Maßnahmen definiert* (TP 4.1.5) oder es handelt sich um ein Problem, das an ein *Problemlösungsteam übergeben wird* (TP 4.1.3). Durch die Eskalation zur nächsten Ebene verlässt die Abweichung den Shopfloor Management Prozess dieser Ebene und wird der Shopfloor Management Besprechung der nächsthöheren Ebene zugetragen. Die Definition von kurzfristigen Maßnahmen hat zum Ziel, weitere negative Folgen der Abweichung einzugrenzen oder gar vollständig zu beheben (siehe dazu auch „Containment“ bei LIKER, MEIER [LIKE06]).

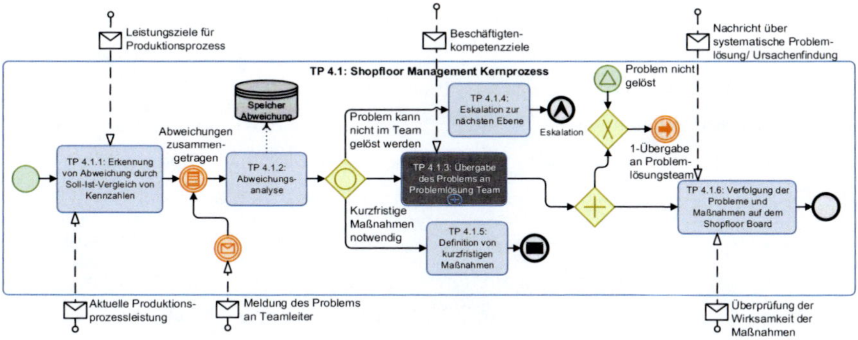

Abbildung 34: Prozessbeschreibung des Shopfloor Management Kernprozesses

Die definierten Maßnahmen werden anschließend im Produktionsprozess bearbeitet. Handelt es sich bei der Abweichung um ein Problem, so wird es an ein Problemlösungsteam übergeben. Dabei berücksichtigt die Schichtführung die Art des Problems sowie die aktuellen Beschäftigtenkompetenzen und -ziele. Die eigentliche systematische Problemlösung findet nach Übergabe des Problems an das Problemlösungsteam im Problemlösungsmanagement statt. Die übergebenen Probleme werden auf dem Shopfloor Board aufgenommen und verfolgt.

Je nach festgelegten Fristen wird der aktuelle Stand von angestoßenen Problemlösungen im Rahmen des Shopfloor Management besprochen und verfolgt (TP 4.1.6). Dabei bewertet das Team anhand von verfolgten Kennzahlen, ob die im Produktionsprozess umgesetzten Maßnahmen zum gewünschten Erfolg geführt haben. Wird entschieden, dass das Problem noch nicht gelöst ist, so wird es erneut an das Problemlösungsteam mit dem Auftrag übergeben, wieder in die Ursachenfindung einzusteigen. Ist das Problem hingegen gelöst, so wird es dem Produktionsprozess mit dem Auftrag übergeben, die umgesetzten Maßnahmen zu standardisieren.

Abschließend werden umgesetzte Maßnahmen und insbesondere Auswirkungen auf geltende Standards im Produktionsprozess an das gesamte Team kommuniziert (TP 4.2). Zusätzlich erfolgt eine Rückmeldung bzgl. der gelösten Probleme und der damit verbundenen Kompetenzentwicklung seitens der Beschäftigten an das Personalmanagement.

Ablauf im Problemlösungsmanagement

Das Problemlösungsmanagement ist ein Prozess, der parallel zum alltäglichen Produktionsprozess sowie dem Shopfloor Management Prozess läuft (TP 3.1). Hierbei werden als Problem identifizierte Abweichungen systematisch gelöst, d. h. Probleme ausführlich und korrekt beschrieben, der Punkt der Fehlerentstehung identifiziert und anschließend die Ursache für das Problem gefunden (für eine ausführlichere Beschreibung der systematischen Problemlösung siehe [KEPN06]). Der Prozess des Problemlösungsmanagements und die damit verbundene systematische Problemlösung stehen nicht im Fokus der vorliegenden Arbeit und werden daher auch nicht detailliert behandelt.

Deshalb startet der hier beschriebene Prozess mit der Übergabe eines identifizierten Problems an ein Problemlösungsteam. Dieses arbeitet daraufhin an der *systematischen Problemlösung* bis eine Ursache identifiziert werden kann. Die Ursache zusammen mit dem Punkt der Fehlerentstehung wird zurück in den Shopfloor Management Prozess gegeben, womit dieser Teilprozess endet.

Der Prozess des Problemlösungsmanagements kann in mehreren Instanzen – jedes neue Problem erzeugt eine neue Instanz – parallel ablaufen. Es ist nicht notwendig, dass eine systematische Problemlösung endet bevor die nächste beginnen kann.

Ablauf im Leistungsmanagement

Das Leistungsmanagement liegt im Organisationsbereich Strategie und Controlling und beinhaltet einen *kontinuierlichen Prozess der Verfolgung der Produktionsleistung* (TP 2.1). Dabei werden wichtige Kenngrößen des Produktionsprozesses aufgenommen, verfolgt und mit der Strategie abgeglichen. Aus dem Leistungsmanagement heraus erfolgen regelmäßig Mitteilungen an das Shopfloor Management über die aktuellen Leistungsziele für den Produktionsprozess. Die hierbei weitergegebenen Leistungsziele werden für den im Shopfloor Management Prozess stattfindenden *Soll-Ist-Vergleich* benötigt.

Ablauf im Personalmanagement

Das Personalmanagement ist ähnlich dem Leistungsmanagement ein Prozess zur kontinuierlichen Verfolgung von Zielen – nur anstatt von Leistungszielen für den Produktionsprozess werden Beschäftigtenkompetenzen der involvierten Belegschaft verfolgt (TP 1.1). Dabei meldet das Personalmanagement regelmäßig Kompetenzziele der Beschäftigten an das Shopfloor Management weiter. Zusätzlich dazu erhält das Personalmanagement ebenfalls regelmäßig Informationen über die gelösten Probleme der Beschäftigten (TP 1.2).

4.2.3 Zusammenfassung der Modellbildung und -beschreibung

Das hier beschriebene Modell für Shopfloor Management Systeme umfasst zwei Teile – die Elemente und die Prozesse des Shopfloor Management. Dadurch wird der Komplexität des Systems Rechnung getragen, in dem das Shopfloor Management auf eine Vielzahl von Unternehmensabläufen Einfluss ausübt und andersherum auch beeinflusst wird, u. a. von Produktionsprozessen, dem Problemlösungsmanagement, Leistungsmanagement und Personalmanagement. Trotz des erweiterten Umfangs des Modells und dessen Detailtiefe beschränkt sich die Modellbeschreibung auf die wesentlichen Elemente des Shopfloor Management Systems, um die Komplexität zu beherrschen. Das hier dargestellte Beschreibungsmodell bildet daher Shopfloor Management Systeme homomorph ab, d. h. zwischen den Elementen des Modells und dem Original besteht eine (zweckmäßige) Ähnlichkeit [HÄUS04], [KRAL13].

Nach SONNTAG werden Kompetenzentwicklungsaktivitäten als arbeitsintegriert bezeichnet, wenn keine explizite, formelle Schulungen benötigt werden [SONN98]. Das in dieser Arbeit entwickelte Shopfloor Management System leistet einen wichtigen Beitrag zum Verständnis, wie Shopfloor Management genutzt werden kann, um arbeitsintegrierte Kompetenzentwicklung systematisch anzustoßen. Dabei werden die Kompetenzen durch das Lösen der identifizierten Probleme entwickelt, d. h. die Entwicklung der Selbstorganisationsdisposition erfolgt „[…] durch ein Handeln in unerwarteten und komplexen Anforderungssituationen […]“ [NIED12]. Bevor sich das anschließende Kapitel mit der systematischen Zuweisung von Problemen an Problemlösungsteams beschäftigt, wird im nachfolgenden Abschnitt das Beschreibungsmodell validiert.

4.3 Validierung des Modells

Im Gegensatz zur Verifikation – der Überprüfung, ob ein Modell von einer Beschreibungsart in eine andere Beschreibungsart korrekt transformiert wurde – geht es bei der Validierung um die Überprüfung, ob das Modell das Verhalten des abgebildeten Systems hinreichend genau wiedergibt [RABE08], d. h. ob die Aussagen, die aus dem Modell abgeleitet werden, brauchbar sind [KRAL13]. Dabei ist zu beachten, dass die Einschätzung der Brauchbarkeit durchaus einer subjektiven Beurteilung unterliegen kann. HÄUSLEIN weist daraufhin, dass „[…] bei der Abbildung eines Systems in ein Modell […] die Gültigkeit meist auf der Ebene von Plausibilitätsbetrachtungen und expliziten Begründungen von Modellierungsschritten nachgewiesen [wird].“ [HÄUS04]

Die Validierung des Modells erfolgt dabei in drei Teilen: der Validierung der Ziele (Teil Ia), der Voraussetzungen und Handlungsfelder (Teil Ib), sowie der Prozessbeschreibung des Shopfloor Managements (Teil II). Dieses Vorgehen wurde gewählt, um dem mehrstufigen Entwicklungsprozess des Modells Rechnung zu tragen. Als Validierungsinstrument dienen qualitative Interviews mit Shopfloor Management Experten aus der Industrie. Diese erlauben – im Vergleich zu quantitativen Untersuchungen – aufgrund ihrer offenen Vorgehensweise die Entdeckung neuer Sachverhalte [FLIC08a] und eignen sich über die Validierung hinaus auch für Anpassungen und Veränderungen am Modell.

Das Vorgehen orientiert sich dabei an den sieben Schritten von KVALE UND BRINKMANN (vgl. [KVAL09]:

1. **Thematisieren:** Zweck der Erhebung und Entwurf des Erhebungsthemas formulieren.
2. **Designen:** Im Hinblick auf den beabsichtigten Wissenserwerb und die moralischen Grenzen/ Konsequenzen (Ethik vs. Wissenschaft) sowohl die zeitliche Dimension planen als auch die Anzahl der Interviewten festlegen.
3. **Interviewen:** Durchführen des Interviews auf Basis eines Leitfadens und unter Berücksichtigung des angestrebten Wissenserwerbs und der persönlichen Beziehung zwischen Interviewer und Interviewten.
4. **Transkribieren:** Den Inhalt des Interviews auf dessen Analyse vorbereiten, d. h. Schaffen der Basis für empirische Daten der Erhebung. Dokumentation über Ton-, Videoaufnahme, Mitschrift oder aus der Erinnerung sowie Sicherstellung der Reliabilität und Validität des Transkripts.
5. **Analysieren:** Auf der Basis von Thema und Zweck der Erhebung und unter Berücksichtigung des erhaltenen Materials entscheiden, wie bei der Analyse des Materials vorgegangen werden soll.
6. **Verifizieren:** Validität, Reliabilität und Generalisierbarkeit der Ergebnisse fest- und sicherstellen.
7. **Berichten:** Kommunizieren der Ergebnisse und der angewandten Methoden, sodass es wissenschaftlichen Kriterien und ethischen Aspekten gerecht wird und lesbar ist.

In Schritt 3 (Interviewen) wird auf teilstrukturierte, leitfragengestützte Experteninterviews zurückgegriffen, um so eine direkte Interaktion zwischen Interviewer und Experten zu ermöglichen [SCHN14].

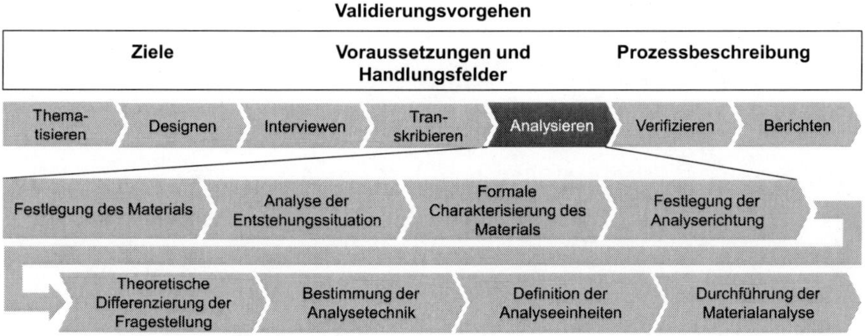

Abbildung 35: Vorgehen zur Validierung des Modells für Shopfloor Management Systeme i. A. a. [KVAL09], [MAYR15]

Beim Schritt 5 (Analysieren) kommt es neben der Analyse der Sprache vor allem darauf an, die Bedeutung der Aussagen über Kodierung, Kategorisierung und Bedeutungsinterpretation zu analysieren [KVAL08]. Hier wird auf die qualitative Inhaltsanalyse nach MAYRING zurückgegriffen [MAYR15], dessen *allgemeines inhaltsanalytisches Ablaufmodell* sich wiederum in acht Schritte gliedert:

a. Festlegung des Materials
b. Analyse der Entstehungssituation
c. Formale Charakterisierung des Materials
d. Festlegung der Analyserichtung
e. Theoretische Differenzierung der Fragestellung
f. Bestimmung der Analysetechnik
g. Definition der Analyseeinheiten
h. Durchführung der Materialanalyse

Dabei können die Schritte a-d und f für alle drei Teile der Validierung gemeinsam beschrieben werden, Schritte e, g und h werden differenziert für jeden einzelnen Teil aufbereitet.

Bei der *Festlegung des Materials* (a) wird ausschließlich auf die durchgeführten Experteninterviews und deren Transkription zurückgegriffen. Diese werden zusammen mit einer *formalen Charakterisierung des Materials* (c) in Tabelle 5 beschrieben. Die Interviews sind entweder im persönlichen Gespräch oder im Rahmen eines telefonischen Interviews entstanden (b). Die Analyserichtung wird dadurch festgelegt, über welchen Aspekt des auszuwertenden Materials überhaupt Aussagen getroffen werden sollen (d). So ist es beispielsweise möglich, neben der Analyse des thematischen Gegenstands des Materials auch den emotionalen Zustand des Senders zu ermitteln, die explizierten Gehalte des gesprochenen bzw. geschriebenen Wortes präzise zu beurteilen oder die Wirkung auf den Rezipienten zu untersuchen [MAYR15].

Tabelle 5: Festlegung und Charakterisierung des Materials zur Validierung

Nr.	Charakterisierung des Materials
1	Experteninterview mit Projektleiter Produktion aus der Farben- und Lackbranche zu den Zielen des Shopfloor Managements
2	Experteninterview mit einem Industrial Engineer im Qualitätsmanagement aus der Transport- und Palettier-Anlagen Branche zu den Zielen des Shopfloor Managements
3	Experteninterview mit einem Referenten Schlanke Produktion aus der Medizintechnikbranche zu den Zielen des Shopfloor Managements
4	Experteninterview mit einem Projektmitarbeiter aus der Prüf- und Messtechnikbranche zu den Zielen des Shopfloor Managements
5	Experteninterview mit einem Projektleiter aus der Automobilbranche zu den Zielen des Shopfloor Managements
6	Experteninterview mit Führungskraft aus der Medizintechnikbranche zu den Zielen des Shopfloor Managements
7	Experteninterview mit Bereichsleitungsassistenz aus der Automobilbranche zu den Zielen des Shopfloor Managements
8	Experteninterview mit einer Führungskraft aus der Antriebs- und Steuerungstechnikbranche zu den Voraussetzungen und Handlungsfeldern des Shopfloor Management Modells
9	Experteninterview mit einem Seniorberater aus der Steuerungs- und Automatisierungstechnikbranche zu den Voraussetzungen und Handlungsfeldern des Shopfloor Management Modells
10	Experteninterview mit einer Führungskraft aus der Werkzeugmaschinenbranche zu den Voraussetzungen und Handlungsfeldern des Shopfloor Management Modells
11	Experteninterview mit einem Referenten Schlanke Produktion aus der Großdieselmotoren und -antriebs Branche zu den Voraussetzungen und Handlungsfeldern des Shopfloor Management Modells
12	Experteninterview mit Leiter Produktionsplanung aus der Fertigungsmesstechnikbranche zu der Prozessbeschreibung des Shopfloor Management Modells
13	Experteninterview mit Projektleiter Produktion aus der Farben- und Lackbranche zu der Prozessbeschreibung des Shopfloor Management Modells
14	Experteninterview mit Personalreferentin aus der Werkzeugmaschinenbranche zu der Prozessbeschreibung des Shopfloor Management Modells

Für die hier durchgeführte qualitative Inhaltsanalyse liegt der Fokus auf dem thematischen Gegenstand des Materials, d. h. auf unterstützenden oder entkräftenden Aussagen der Interviewten zu explizit gestellten Fragen. Als *Analysetechnik* kommt die Zusammenfassung zum Einsatz (f). Deren „Ziel [...] ist es, das Material so zu reduzieren, dass die wesentlichen Inhalte erhalten bleiben [und] durch Abstraktion einen überschaubaren

Corpus zu schaffen, der immer noch Abbild des Grundmaterials ist.“ [MAYR15] D. h. die Aussagen der Experten werden zusammenfassend wiedergegeben und zum besseren Verständnis mit einzelnen Zitaten aus den Interviews ergänzt.

4.3.1 Teil Ia – Ziele des Shopfloor Management

Zur Validierung der Ziele des Shopfloor Managements wurden sieben Experteninterviews mit Führungskräften und Projektreferenten der Produktion aus unterschiedlichen Branchen geführt (Interviews Nr. 1-7, vgl. Tabelle 5). Die *theoretische Differenzierung der Fragestellung* zielt darauf ab, Informationen zu dem zuvor festgelegten thematischen Gegenstand zu erhalten. Den Experten wurden folgende Fragen gestellt (vgl. [RÖTH17e]):

- Ist diese Klassifizierung der Zieldimensionen des Shopfloor Management vollständig?
- Sind die Zieldimensionen relevant für die Praxis?
- Sind die klassifizierten Ziele des Shopfloor Managements für die praktische Umsetzung der Methode Shopfloor Management sinnvoll und praktikabel?

Der vollständige Interviewleitfaden ist dieser Arbeit angehängt, vgl. Anhang A.1. Bezüglich der Definition von *Analyseeinheiten* werden einzelne Wörter als Kodiereinheit und Absätze als Kontexteinheit festgelegt. Im Folgenden werden die Ergebnisse auf die jeweiligen Fragen bezogen zusammengefasst.

4.3.1.1 Ist diese Klassifizierung der Zieldimensionen des Shopfloor Management vollständig?

Bezüglich der Fragestellung nach der Vollständigkeit der Zieldimensionen ergibt sich über die sieben Interviews ein indifferentes Bild, welches sich auf die inhaltliche Bandbreite an Expertenantworten zurückführen lässt – von vollkommener Zustimmung [RÖTH17f], [RÖTH17d] bis hin zu vollständiger Ablehnung [RÖTH17c]. So bestätigt ein Experte grundsätzlich die Vollständigkeit der Zieldimensionen, vermisst aber das Thema „Sicherheit“ [RÖTH17f]. Ein weiterer Experte beschreibt wie sich die ihm bekannten Ziele von Shopfloor Management eher auf die Produktionsprozesse und deren Ergebnisse, als auf den Menschen im Arbeitssystem beziehen [RÖTH17b]. Nichts desto trotz steht er den Zieldimensionen positiv gegenüber:

> „[...] Deshalb geht die Matrix über das hinaus, was ich bisher kenne. Bislang war ich nur bei den beiden rechten Spalten, Prozessausführung und -verbesserung, unterwegs." [RÖTH17b]

Anders dagegen ein Experte aus der Medizintechnikbranche. Für ihn sollte sich das Shopfloor Management auf die Prozesse konzentrieren und nicht darüber hinausgehen:

> „[...] Ich möchte mit Shopfloor Management die Prozesse nachhaltig verbessern. Die Problematiken nachhaltig lösen und die Prozessausführung verbessern. Die Mitarbeiterentwicklung sehe ich nicht als Ziel im Shopfloor Management. Ich kann mir vorstellen, dass dies in unserem Unternehmen ähnlich ist." [RÖTH17c]

4.3.1.2 Sind die Zieldimensionen relevant für die Praxis?

Die Frage nach der Praxisrelevanz der Zieldimensionen wird von den Experten positiv bestätigt, wobei es auch hier indifferente und ablehnende Antworten gab [RÖTH17e]. Manchen Experten fiel es schwer die Frage zu beantworten und ihre Indifferenz zeigt sich in Aussagen wie:

> „Schwierig zu sagen, weil wir grundsätzlich nicht in diesen drei Dimensionen arbeiten." [RÖTH17a]

Hingegen äußern sich zustimmende Meinungen in Aussagen wie beispielsweise:

> „Alle drei Zieldimensionen sind auf jeden Fall mit hoher Relevanz für unser Shopfloor Management und damit auch für unser Unternehmen." [RÖTH17f]

Ablehnende Antworten beziehen sich insbesondere auf die Zieldimension der Beschäftigtenentwicklung im Rahmen des Shopfloor Management:

> „Die Mitarbeiterentwicklung muss vorgenommen werden, aber nicht als Ziel des Shopfloor Management. Sondern es ist ein Punkt, der so unter Führungsverantwortung fällt." [RÖTH17c]

4.3.1.3 Sind die klassifizierten Ziele des Shopfloor Managements für die praktische Umsetzung der Methode Shopfloor Management sinnvoll und praktikabel?

Bei der Auswertung der Frage nach der Praktikabilität der Umsetzung ergibt sich erneut ein gestreutes Meinungsbild [RÖTH17e]. Die Zustimmung der Experten wird dabei verdeutlicht durch Aussagen wie:

> „[...] alleine, dass ich am Anfang gesagt habe, dass ich die Matrix super finde und dass ich unser Shopfloor Board Layout anpassen würde." [RÖTH17b]

Auf der anderen Seite werden Teile der Zieldimensionen als nicht umsetzbar betrachtet:

> „[…] die zwei rechten [Prozessausführung und Prozessverbesserung – Anm. d. Verf.] ja auf jeden Fall, der linke Aspekt [Mitarbeiterentwicklung – Anm. d. Verf.] ist nicht über das Shopfloor Management trackbar“ [RÖTH17b]

Insgesamt ergibt sich somit ein gespaltenes Meinungsbild zu den vorgestellten Zielen des Shopfloor Managements. Besonders die Integration der Beschäftigtenentwicklung stieß nicht bei allen interviewten Experten auf Zustimmung. Dies kann auf mehrere Gründe zurückzuführen sein – zum einen weil es zur Zeit in den jeweiligen Unternehmen noch nicht angewendet wird und somit nicht bekannt ist und zum anderen weil es wirklich nicht sinnvoll und praktikabel ist. Wenn jedoch, wie in Kapitel 2.2 gezeigt, das Thema Beschäftigtenentwicklung ein derart wichtiges Element des Shopfloor Management darstellt, so sollte es sich auch in den Zieldimensionen wiederfinden.

4.3.2 Teil Ib – Voraussetzungen und Handlungsfelder des Shopfloor Management

Die Validierung der Voraussetzungen und Handlungsfelder erfolgt über vier Experteninterviews (Interviews Nr. 8-11, vgl. Tabelle 5). Dabei wurden Experten aus Unternehmen befragt, die als führend im Bereich schlanker Produktionssysteme sowie Shopfloor Management Systeme angesehen werden. Dabei sollten folgende Fragen beantwortet werden:

- Ist das Modell für ein Shopfloor Management System zur zielgerichteten, systematischen Kompetenzentwicklung relevant für die Praxis?
- Ist die im Modell beschriebene Vorgehensweise sinnvoll und praktikabel für die involvierten Zielgruppen?
- Wird die im Modell beschriebene Kompetenzentwicklung durch systematische Problemlösung als sinnvoll und praktikabel erachtet?
- Werden die Voraussetzungen für die Umsetzung des Modells als praktikabel erachtet?

Der vollständige Interviewleitfaden findet sich im Anhang A.2. Als *Analysetechnik* kommt auch hier die Zusammenfassung zum Einsatz. Deren „Ziel [...] ist es, das Material so zu reduzieren, dass die wesentlichen Inhalte erhalten bleiben [und] durch Abstraktion einen überschaubaren Corpus zu schaffen, der immer noch Abbild des Grundmaterials ist." [MAYR15] Bezüglich der *Definition von Analyseeinheiten* werden einzelne Wörter als Kodiereinheit und Absätze als Kontexteinheit festgelegt.[23] Im Folgenden werden die Ergebnisse auf die jeweiligen Fragen bezogen zusammengefasst.

4.3.2.1 Ist das Modell für ein Shopfloor Management System zur zielgerichteten, systematischen Kompetenzentwicklung relevant für die Praxis?

Alle interviewten Experten bestätigen die Praxisrelevanz von Kompetenzentwicklung in der Produktion durch Shopfloor Management Systeme [HERT15a], [HERT15d], [HERT15c], [HERT15b]. Dabei wird auf den Unterschied zwischen dem Einsatz von Qualifikationsmatrizen als Antwort auf die Frage „Welche Qualifikationen haben wir?" und gelebter Kompetenzentwicklung hingewiesen, in der sich „[...] Mitarbeiter richtig einbringen in den Prozess und diskutieren und nach Lösungen suchen." [HERT15d] Einen regelmäßigen und offenen Kommunikationsrahmen zu schaffen sehen die Experten als wichtig für eine zielgerichtete Kompetenzentwicklung:

> „Die offene Kommunikation ist auch ein ganz großes Thema bei der Kompetenzentwicklung. Wenn ich jetzt sage: ‚Hey Chef, ich sehe mich jetzt nicht bei drei Viertel vollem Kreis an der Maschine XY, sondern ich bin eigentlich eher noch bei zwei von vier Vierteln'. Diese Offenheit und Ehrlichkeit und dass man eine Führungskultur hat in der so etwas erlaubt ist und dann gemeinsam konstruktiv an einer Lösung gearbeitet wird." [HERT15b]

Die Experten bekräftigen auch, dass Shopfloor Management die Themen Beschäftigten- und Kompetenzentwicklung adressieren sollte [HERT15c]. Häufig werden diese Themen im Rahmen des kontinuierlichen Verbesserungsprozesses eingeordnet. Dabei wird die Kompetenzentwicklung der Beschäftigten durch Shopfloor Management als langfristiges Ziel bestätigt [HERT15c]. Einige Experten verweisen auch darauf, dass eine systematische Kompetenzentwicklung der Beschäftigten im Rahmen des Shopfloor Managements so noch nicht vorhanden ist [HERT15c].

Schlussendlich wird von den Experten der systemische Ansatz im Modell bekräftigend hervorgehoben, d. h. die Handlungsfelder und Querschnittselemente dürfen nicht isoliert betrachtet werden, sondern machen nur im Zusammenspiel Sinn:

[23] Die „Kodiereinheit" stellt die kleinste Texteinheit dar, die ausgewertet wird. Das Gegenstück – die größte zu interpretierende Texteinheit – ist die „Kontexteinheit". Vgl. auch [MAYR15].

„Ich will operativ besser werden, in dem ich die Mitarbeiter nach vorne bringe und die Prozesse verbessere. Das kann man nicht losgelöst sehen. Und diese Querschnittselemente, die Sie haben, die sind ja auch nicht losgelöst betrachtbar.“ [HERT15a]

4.3.2.2 Ist die im Modell beschriebene Vorgehensweise sinnvoll und praktikabel für die involvierten Zielgruppen?

Die Interviewten beschreiben den Shopfloor Management Experten im Modell als sinnvoll, merken jedoch an, dass Führungskräfte stark in den Einführungsprozess einbezogen werden sollten. Zieht diese sich zurück und „[…] lässt dem Shopfloor-Experten unbegrenzten Handlungsspielraum […]“ kann das Modell auf Dauer keinen Mehrwert bringen [HERT15a], [HERT15d]. Dass die Führungskraft im Tagesgeschäft präsent bleibt und die Führung des Shopfloor Managements nach der Einführung vollständig übernimmt, wird von den Experten als eines der schwierigsten Elemente zum Thema Shopfloor Management bezeichnet.

Damit das Modell erfolgreich in der Praxis umgesetzt werden kann, müssen sich die Beschäftigten gezielt und aktiv einbringen. Das gilt nicht nur für die Teammitglieder, sondern für sämtliche Rollen im System. Bei deren Nichteinhaltung geht ein Teil der Effizienz des Modells verloren. Die Experten stufen die klaren Rollen als sehr wichtig für den Gesamterfolg des Modells ein [HERT15a], [HERT15d].

Die Einbeziehung der unterstützenden Funktionen wird von den Experten teilweise kontrovers gesehen. Einige halten die bedarfsbasierte Einbeziehung für zu wenig und schlagen vor, diese in bestimmter Regelmäßigkeit bei Shopfloor Besprechungen mit einzubeziehen [HERT15d]. Andere sehen die Gefahr, dass Fehler der Produktion auf andere Funktionen abgeschoben werden:

„Deswegen ist es gut einen richtigen Ansprechpartner dabeizuhaben. Es birgt aber auch immer die Gefahr zu sagen ‚Wir waren es nicht. Das waren die anderen.‘“ [HERT15b]

Auch bei der Einbeziehung der Beschäftigten in der Produktion sind sich die Experten nicht einig. Zum einen wird die Sinnhaftigkeit, die Problemlösung an die Beschäftigten in der Produktion abzugeben, betont [HERT15a], zum anderen wird in Frage gestellt ob es zielführend ist, grundsätzlich jedes Teammitglied hinzuzuziehen oder ob eine situative Hinzunahme nicht effizienter wäre:

Wir diskutieren aber, ob das so sinnvoll ist […], dass die ganzen Mitarbeiter teilnehmen. Das ist die Frage: ‚Was trägt der denn [der Eine] bei, in so einer Stehung?‘“ [HERT15c]

Generell sehen die Experten durch den richtigen Einsatz von Shopfloor Management einen Lerneffekt bei allen Beteiligten [HERT15b].

4.3.2.3 Wird die im Modell beschriebene Kompetenzentwicklung durch systematische Problemlösung als sinnvoll und praktikabel erachtet?

Die Experten bestätigen die im Modell beschriebene Kompetenzentwicklung durch systematische Problemlösung [HERT15a], [HERT15b]. Dabei wird das Shopfloor Management als die entscheidende Kommunikationsstruktur zur Zuteilung von Problemen an Beschäftigte hervorgehoben und erneut die Notwendigkeit klarer Rollen betont [HERT15a].

Es wird von einem Experten jedoch auch auf eine wichtige Voraussetzung für eine Kompetenzentwicklung durch systematische Problemlösung hingewiesen – nämlich eine offene Fehlerkultur sowie eine offene und transparente Kommunikation [HERT15b].

4.3.2.4 Werden die Voraussetzungen für die Umsetzung des Modells als praktikabel erachtet?

Die Experten bekräftigen übereinstimmend die Voraussetzungen für die Umsetzung des Modells als praktikabel [HERT15d], [HERT15c]. Darüber hinaus wird auch die Visualisierung der Standards und die damit geschaffene Transparenz als Teil der Standardisierung als Voraussetzung gesehen:

> „[…] diese Transparenz vor Ort ist für mich die Basis. […] wenn wir unsere Sachen nicht transparent bekommen, dann werden wir keine Abweichungen feststellen.“ [HERT15a]

Darüber hinaus werden auch die Themen „Einsehen von Problemen“ und „offene Kommunikation“ als wichtige Basisvoraussetzungen für ein funktionierendes Modell gesehen [HERT15b]. Außerdem werden als Voraussetzung für eine erfolgreiche Kompetenzentwicklung der Umgang mit persönlichen Daten im Unternehmen gesehen (z. B. der Aushang von Kompetenzniveaus an Shopfloor Boards). Dies obliegt meist der betrieblichen Mitbestimmung und muss eng mit dem Betriebsrat abgestimmt werden [HERT15b].

4.3.3 Teil II – Prozessbeschreibung des Shopfloor Management

Auch die Validierung der Prozessbeschreibung erfolgt über Experteninterviews (Interviews Nr. 12-14, vgl. Tabelle 5). Die Interviewteilnehmer kommen aus Partnerunternehmen des ZielKom-Projekts[24] und damit gut mit der Thematik des Shopfloor Managements vertraut. Dabei sollten folgende Fragen beantwortet werden (für den ausführlichen Interviewleitfaden siehe Anhang A.3):

- Ist das Modell für ein Shopfloor Management System zur zielgerichteten, systematischen Kompetenzentwicklung relevant für die Praxis?
- Ist die im Modell beschriebene Vorgehensweise sinnvoll und praktikabel für die involvierten Zielgruppen?
- Wird die im Modell beschriebene Kompetenzentwicklung durch systematische Problemlösung als sinnvoll und praktikabel erachtet?
- Werden die Voraussetzungen für die Umsetzung des Modells als praktikabel erachtet?

Als Analysetechnik kommt erneut die Zusammenfassung zum Einsatz. Ebenfalls werden als Analyseeinheiten einzelne Wörter als Kodiereinheit und Absätze als Kontexteinheit festgelegt. Im Folgenden werden die Ergebnisse auf die jeweiligen Fragen bezogen zusammengefasst.

4.3.3.1 Ist das Modell für ein Shopfloor Management System zur zielgerichteten, systematischen Kompetenzentwicklung relevant für die Praxis?

Die Experten bestätigen einstimmig die Relevanz des Modells (Prozessbeschreibung) für ein Shopfloor Management System zur zielgerichteten, systematischen Kompetenzentwicklung für die Praxis [HERT17b], [HERT17g], [HERT17i]. Der dargestellte Prozessablauf entspricht dabei durchaus den Zielvorstellungen in den Unternehmen:

> „Ja ganz klar. Die Relevanz für die Praxis [...] ist sehr hoch und entspricht auch größtenteils dem, wie wir es auch praktizieren oder zumindest dem Ziel, wie wir dieses prinzipiell praktizieren würden.“ [HERT17g]

Jedoch wird auch auf den Abstimmungsaufwand im dargestellten Prozess hingewiesen, dieser sei nicht zu unterschätzen:

[24] Das Projekt ZielKom (Zielgerichtete, altersstrukturgerechte Vermittlung arbeitsplatzbezogener Kompetenzen durch Lernfabriken) ist ein vom Bundesministerium für Bildung und Forschung gefördertes Forschungsprojekt, welches sich von 2014 bis 2017 mit der zielgerichteten Entwicklung von Kompetenzen im Rahmen des Shopfloor Management beschäftigt hat.

> „Das ist echt ein guter Gedanke, wenn das läuft, wie es auf dem Papier dargestellt ist. Der Nachteil ist, dass die ganzen Pfeile viel Zeit für Kommunikation und Abstimmung darstellen. Was dann hinten dabei herauskommt, ist wiederum der Vorteil." [HERT17i]

4.3.3.2 Ist die im Modell beschriebene Vorgehensweise sinnvoll und praktikabel für die involvierten Zielgruppen?

Die Sinnhaftigkeit und Praktikabilität für die involvierten Zielgruppen wird von den Experten bestätigt, wenn auch von einem mit Einschränkungen:

> „Sinnvoll ist es, aber [für uns] direkt praktikabel und umsetzbar noch nicht. Man müsste dann im Kleinen anfangen, bis es aber umsetzbar ist, ist es noch ein langer Weg. Also es ist ein schönes Ziel, das zu erreichen." [HERT17i]

Insgesamt sind sich die Experten einig, dass alle Zielgruppen berücksichtigt sind und auch deren Umgang mit Kommunikation und Problemen gut dargestellt ist [HERT17b]. Besonders die Kommunikation unter den Zielgruppen wird als wichtiges Element hervorgehoben:

> „Wichtig für mich – was ja auch in dem Modell enthalten ist – ist immer die Kommunikation: In diesem Fall die Kommunikation über das Shopfloor Management Board." [HERT17g]

Schlussendlich wird seitens der Experten darauf hingewiesen, dass die Prozessbeschreibung die Anforderungen und Vorgehensweisen eines Beschäftigten in der Produktion bzgl. der systematischen Problemlösung korrekt beschreibt [HERT17g].

4.3.3.3 Wird die im Modell beschriebene Kompetenzentwicklung durch systematische Problemlösung als sinnvoll und praktikabel erachtet?

Die in der Prozessbeschreibung dargestellte Kompetenzentwicklung durch systematische Problemlösung wird von den befragten Experten als sinnvoll und praktikabel erachtet [HERT17b], [HERT17g], [HERT17i]. Dabei sehen die Experten besonders die Team-Struktur und das gemeinsame Arbeiten im Rahmen der systematischen Problemlösung als sinnvoll an:

> „Wichtig dabei ist, dass der Mitarbeiter – also das Tandem – auch die entsprechende Methodenkompetenz besitzt. Also dass ich einen Mitarbeiter mit den entsprechenden Kompetenzen dabeihabe." [HERT17g]

Kritisch gewürdigt wird darüber hinaus die zeitliche Komponente in der dargestellten Prozessbeschreibung des Modells.

4.3.3.4 Werden die Voraussetzungen für die Umsetzung des Modells als praktikabel erachtet?

Die Experten bekräftigen die Praktikabilität der Voraussetzungen für die Umsetzung des Modells [HERT17b], [HERT17g], [HERT17i]. Dabei wird besonders noch mal die Wichtigkeit der Basisstabilität hervorgehoben (vgl. Abschnitt 4.2.1.2):

> „[...] wenn man die Grundstabilität mal erreicht hat, dann ist das sicherlich praktikabel [...]" [HERT17i]

Zusätzlich zur Basisstabilität und der Standardisierung wird auch die Wichtigkeit einer funktionierenden Kommunikation für die erfolgreiche Umsetzung betont:

> „Die Voraussetzung sehe ich auch als einen guten Weg an, wobei man je nach Fokus des Shopfloor Managements auch sagen kann, dass mein Fokus Shopfloor Management Kommunikation ist – Kommunikation über einzelne Projekte oder Workshops, die laufen. Dann könnte ich meiner Meinung nach auch ein Shopfloor Management einführen." [HERT17g]

4.3.4 Zusammenfassung und Fazit

Insgesamt bestätigen die befragten Experten die Relevanz des Modells für die Praxis, sowie dessen Sinnhaftigkeit für die jeweiligen Zielgruppen. Eine differenzierte Einstellung ist vor allem bei Teil Ia – Ziele des Shopfloor Managements zu erkennen. Hier ist die Dimension der Beschäftigtenentwicklung als Ziel des Shopfloor Management kontrovers diskutiert worden mit einigen positiven wie negativen Aussagen dazu. Als Ergänzungsvorschlag angeregt wurde die Zieldimension „Arbeitssicherheit" – die jedoch aufgrund nur einer einzigen Nennung nicht im finalen Modell übernommen wurde.

Mithilfe des Beschreibungsmodells lassen sich nun Erkenntnisse über Shopfloor Management Systeme gewinnen. Das entwickelte Modell eignet sich neben der Analyse von Shopfloor Management Systemen in Unternehmen (vgl. [HERT16]), deren Gestaltung und Umsetzung auch zur systematischen Gestaltung von Schulungen zu Shopfloor Management. Die entscheidende Erkenntnis für diese Arbeit ist jedoch, dass eine zielgerichtete, systematische Kompetenzentwicklung vor allem dann stattfinden kann, wenn es der Schichtführung gelingt ein identifiziertes Problem zu kategorisieren und dem richtigen – hinsichtlich der Beschäftigtenkompetenzziele – Team zuzuordnen. Im folgenden Kapitel wird eine Methode vorgestellt, wie diese Aufgabe unterstützt und systematisch durchgeführt werden kann.

5 Methode zur systematischen Zuordnung von Problemen

Die Methode zur systematischen Zuordnung von Problemen in der Produktion an Problemlösungsteams ist eine Ergänzung des bereits existierenden Shopfloor Managements, um damit eine zielgerichtete, systematische Kompetenzentwicklung zu fördern. Es füllt die Lücke bzgl. der Beschreibung des Prozessschritts *Übergabe des Problems an Problemlösungsteam* (TP 4.1.3, vgl. Abbildung 33). Dabei ist entscheidend zu beachten, dass wenn „[...] berufliche Anforderungen erfolgreich bewältigt werden [sollen], so müssten Personen mit den für sie kennzeichnenden Merkmalen die Herausforderungen, die sich aus der Aufgabe und Organisation ergeben, bewältigen können. Hier ist der sogenannte Person-Environment-Fit[25] erforderlich." [NIED12]

Das Ziel der Methode ist es, Führungskräfte in der Produktion ausgehend von einer fundierten Datenlage in ihrer Entscheidung zur Zuweisung von Problemlösungsteams derart zu unterstützen, dass sie eine effiziente und objektive Entscheidung treffen können. Die designierten Problemlösungsteams bestehen aus Beschäftigten, die bereits die Kompetenzen besitzen, um das Problem zu lösen und aus Beschäftigten, die diese Kompetenzen erst noch entwickeln sollen – ähnlich dem Senior-Junior-Prinzip [FISC15]. Darüber hinaus wird jedes Problemlösungsteam durch eine moderierende Person unterstützt[26].

Zunächst soll die Konzeption der Methode erläutert werden, d. h. die Beschreibung der Rahmenbedingungen und Struktur. Darauf aufbauend wird die Problemkategorisierung beschrieben und anschließend die systematische Zuordnung von Problemen und dem Problemlösungsteam detailliert dargestellt. Abschließend erfolgt eine beispielhafte Umsetzung der Methode in digitaler Form.

---

[25] Der Person-Environment-Fit ist ein Begriff aus dem Personalmanagement und beschreibt die Übereinstimmung zwischen einer Person und ihrer Umwelt [EDWA07]. Dabei ist die zugrundeliegende Annahme, dass Person und Umwelt miteinander in einer wechselseitigen Beziehung stehen. Dies lässt sich auch auf die Interaktionen einer Person mit ihren Aufgaben übertragen.

[26] Die Problemlösungsteams orientieren sich an den von ADERHOLD ET AL. beschriebenen *Problemlösezirkel*. Diese sind „[...] thematisch ausgerichtete und zeitlich befristete regelmäßige Zusammenkünfte [...]" bei denen Beschäftigte mit Problemen konfrontiert werden [ADER05].

5.1 Konzeption der Methode

Die Entwicklung der Methode zur systematischen Zuordnung von Problemen in der Produktion an Problemlösungsteams folgt grundsätzlich den in Kapitel 3.1.2 definierten Anforderungen. Darauf aufbauend werden die Rahmenbedingungen der Methode festgelegt und die Strukturierung der Methode vorgenommen.

5.1.1 Rahmenbedingungen der Methode

Die hier dargestellten Rahmenbedingungen der Methode greifen die Anwendungsbereiche und Systemgrenzen aus Kapitel 3.2 auf und ergänzen diese um Erkenntnisse aus dem entwickelten Modell (vgl. Kapitel 4). Dabei können die folgenden zusätzlichen Rahmenbedingungen identifiziert werden (vgl. Abbildung 36):

- Es ist eine Abweichungsanalyse im Rahmen der Shopfloor Besprechung durchgeführt worden (TP 4.1.2), d. h. es liegt ein identifiziertes, beschriebenes Problem p vor.
- Es ist eine Kompetenzanalyse zur Feststellung der Ist- und Sollkompetenzprofile der Beschäftigten des jeweiligen Bereichs durchgeführt worden und diese liegt in Form einer erweiterten Qualifikationsmatrix vor. Qualifikationsmatrizen bilden, wie die Bezeichnung andeutet, vor allem Qualifikationen im Produktionsumfeld ab. Dies entspricht dem gängigen Vorgehen in Produktionsbetrieben und unterstützt die Handhabbarkeit im Alltag. In Qualifikationsmatrizen hinterlegte Informationen beziehen sich häufig auf Arbeitsplätze (z. B. „Drehbearbeitungszentrum INDEX C65", „Montagearbeitsplatz Zylindervormontage"), es sind aber auch arbeitsplatzübergreifende Kenntnisse möglich (z. B. „Prüfen/ Messen", „SAP-Kenntnisse", „Kenntnisse im Umgang mit Qualitätsprogrammen") oder Methodenkompetenzen (z. B. „ist in der Lage eine Wertstromanalyse durchzuführen", „kann die SMED-Methodik auf Maschinen und Anlagen anwenden"). Wird eine Qualifikationsmatrix um Kompetenzen erweitert, so wird im Folgenden von einer erweiterten Qualifikationsmatrix gesprochen (siehe Abbildung 37).

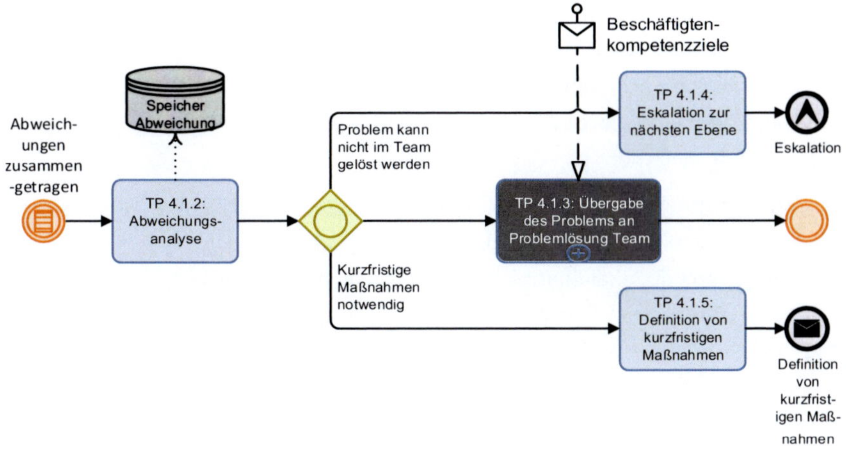

Abbildung 36: Rahmenbedingungen der Methode als Ausschnitt der Prozessbeschreibung

5.1.1.1 Abweichungsanalyse im Rahmen der Shopfloor Besprechung

Die Abweichungsanalyse findet während der Shopfloor Besprechung direkt vor der Übergabe des Problems an Problemlösungsteams statt. Darin erfolgt die Identifikation einer Abweichung als Problem, d. h. einer Abweichung unbekannter Ursache [KEPN06], sowie die Entscheidung, dieses Problem an ein Problemlösungsteam zu übergeben. Dabei liegt eine Problembeschreibung vor (vgl. Kapitel 4.1.3.2) und das Problem wurde zur Lösung im Rahmen eines Problemlösungsteams als geeignet eingestuft, d. h. es ist keine Eskalation notwendig.

5.1.1.2 Kompetenzanalyse

Um die Methode sinnvoll anwenden zu können, bedarf es einer Kompetenzanalyse für den jeweiligen Bereich. Diese kann entweder durch die Personal- oder die Fachabteilung durchgeführt werden unter Berücksichtigung eines zweckmäßigen Verfahrens zur Kompetenzanalyse. Folgende Ergebnisse muss die Kompetenzanalyse liefern:

- Identifikation der Beschäftigtenkompetenzziele
- Identifikation der Beschäftigtenkompetenzen

Beschäftigtenkompetenzziele und Beschäftigtenkompetenzen sind in einer erweiterten Qualifikationsmatrix zusammengefasst. Dabei erfolgt die Darstellung der Kompetenzen auf einer Skala von {0-2}, aufgrund einer besseren Visualisierung manchmal auch in {weiß, gelb, grün}. Die Aufteilung der Skala lässt sich wie folgt beschreiben:

0. Nicht relevant/ nicht vorhanden (weiß) – Die Kompetenz ist nicht ausgebildet und soll auch vorerst nicht ausgebildet werden.
1. Ziel-Kompetenz (gelb) – Die Kompetenz ist noch nicht vorhanden, soll aber zukünftig entwickelt werden.
2. Ist-Kompetenz (grün) – Die Kompetenz ist vorhanden.

Die Skala ist dabei bewusst einfach gehalten, um eine möglichst nahtlose Weiterverwendung der bereits genutzten Qualifikationsmatrizen zu ermöglichen. Prinzipiell ist eine Erweiterung der Skala um Elemente wie „Kompetenz-Novize“, „Kompetenz-Experte“ oder „Kompetenz-Trainer“ denkbar. Abbildung 37 zeigt beispielhaft eine erweiterte Qualifikationsmatrix aus der Praxis mit sowohl arbeitsplatzbezogenen Kompetenzen („AP Langguth 1“), als auch methodenbezogenen Kompetenzen („SFM umsetzen und mitentwickeln“). Sämtlichen Beschäftigten des Teams ($m = 11$) sind die Kompetenzen ($n = 17$) entweder als „nicht relevant“ (weiß), „Ziel-Kompetenz“ (hellgrau) oder „Ist-Kompetenz“ (dunkelgrau) zugeordnet.

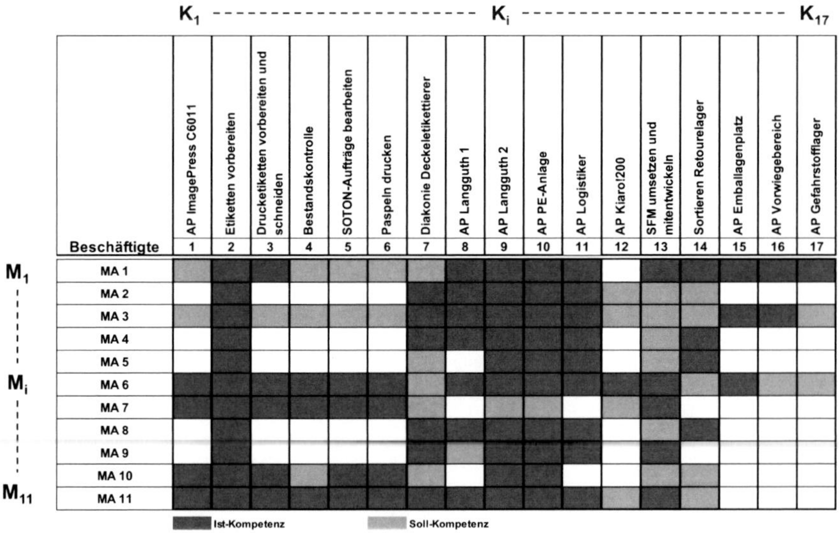

Abbildung 37. Beispielhafte erweiterte Qualifikationsmatrix

Für sämtliche m Beschäftigten eines Teams sowie deren spezifischen n Kompetenzen ergibt sich somit die Qualifikationsparametermatrix $q_{ij} \in \{0,1,2\}^{mxn}$

$$q_{ij} = \begin{pmatrix} q_{11} & \cdots & q_{1n} \\ \vdots & \ddots & \vdots \\ q_{m1} & \cdots & q_{mn} \end{pmatrix}$$

wobei q_{ij} angibt, ob Beschäftigte *i* die Kompetenz *j* besitzt bzw. entwickelt werden soll bzw. nicht relevant ist.

5.1.2 Struktur der Methode

Die Methode strukturiert sich nach einem sequenziellen, dreigliedrigen Vorgehen mit dem Ziel identifizierte Probleme systematisch an geeignete Beschäftigte zuzuordnen. Abbildung 38 zeigt das Vorgehen der Methode mit den drei Schritten Priorisierung, Kategorisierung und Zuordnung auf der Handlungsebene. Beteiligt an den drei Schritten sind zu Teilen das Team, sowie die Führungskraft des Teams. Dabei kann der Übergang der Beteiligten vom Team zur Führungskraft je nach unternehmensspezifischen Rahmenbedingungen individuell erfolgen. Die drei Schritte der Methode werden für jedes identifizierte Problem PM_k aus sämtlichen Produktionsprozessabweichungen PPA_i durchgeführt.

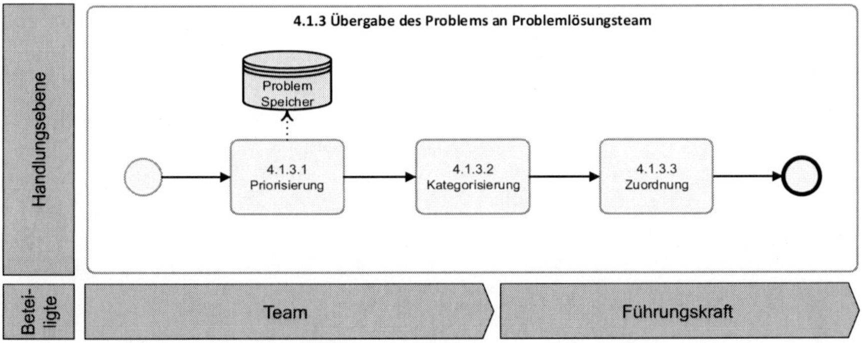

Abbildung 38: Struktur der Methode zur systematischen Zuordnung von Problemen in der Produktion an Problemlösungsteams

Die Priorisierung (vgl. Kapitel 5.2) ordnet identifizierte Probleme nach Relevanz und Häufigkeit ein und sorgt für eine strukturierte Beschäftigung mit den Problemen.

In der Problemkategorisierung (vgl. Kapitel 5.3) wird ein Problem in ein oder mehrere Kompetenzfelder eingeordnet und so mit Kompetenzen verknüpft.

Die systematische Zuordnung von Problemen und Beschäftigten (vgl. Kapitel 5.4) dient schließlich der Verknüpfung von Problemen mit Beschäftigten in einer systematischen Art und Weise. Das in der vorliegenden Arbeit entwickelte Vorgehen ist ein Spezialfall des bekannten *Mengenüberdeckungsproblems* aus der Kombinatorik, Informatik und Komplexitätstheorie [HERT17e]. KARP zeigte 1972, dass das Mengenüberdeckungsproblem NP-vollständig[27] ist [KARP72] und sich damit vermutlich nicht effizient lösen lässt. Die Methode zur systematischen Zuordnung von Problemen lässt sich in Anlehnung an das Mengenüberdeckungsproblem algebraisch wie folgt formulieren:

Es gibt einen Beschäftigtenvektor $M = (M_1, \dots, M_m)$ und einen Kompetenzvektor $K = (K_1, \dots, K_n)$. Darüber hinaus ist $x_i = 1$, wenn Beschäftigter M_i ausgewählt ist, sonst $x_i = 0$ für $i = 1, \dots, m$ und es gibt eine Parametermatrix a_{ij} mit $a_{ij} = 1$, wenn M_i die Kompetenz K_j für $j = 1, \dots, n$ besitzt (vgl. Abbildung 39).

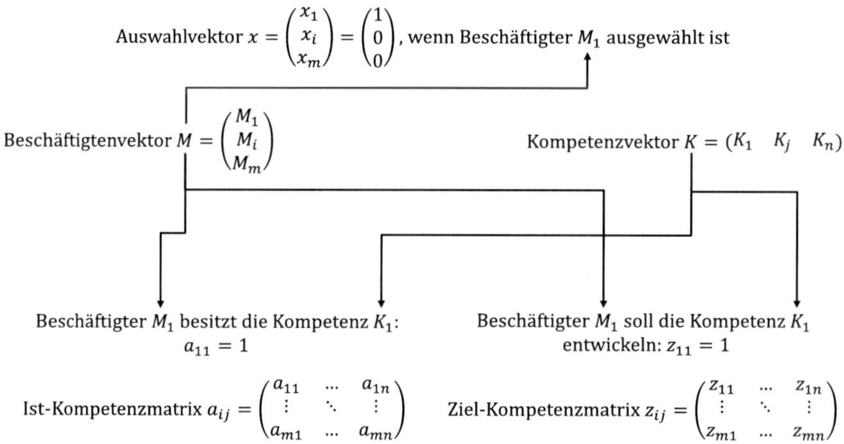

Abbildung 39: Zusammenhänge zwischen den Vektoren *x, M, K* sowie den Matrizen *a* und *z*

So lässt sich die Zielfunktion des Mengenüberdeckungsproblems beschreiben als

[27] NP-vollständig werden Probleme bezeichnet, die sowohl in NP liegen, als auch NP-schwer sind. Ein NP-schweres Problem ist dabei mindestens so „schwer" wie alle Probleme in NP. Das bedeutet, dass ein Algorithmus, der ein NP-schweres Problem löst, mithilfe einer Reduktion benutzt werden kann, um alle Probleme in NP zu lösen. [GARE09]

$$\min \sum_i x_i \text{, mit}$$

$$\sum_i a_{ij} x_i \geq 1 \; \forall j \text{ und}$$

$$x_i \in \{0{,}1\} \; \forall i$$

Dies gilt für den Fall, dass sämtliche Kompetenzen K abgebildet werden sollen und nur diejenigen Beschäftigten gesucht werden, die diese Kompetenzen besitzen. Die Methode sieht jedoch vor, nur ausgewählte Kompetenzen zu betrachten, d. h. Probleme zu kategorisieren (vgl. Abschnitt 5.3) und basierend auf dieser Kategorisierung einzuordnen (vgl. Abschnitt 5.4). In den folgenden Abschnitten wird Schritt für Schritt die Methode zur systematischen Zuordnung von Problemen entwickelt und am Ende von Abschnitt 5.4 in ihrer endgültigen Form dargestellt.

5.2 Problem Priorisierung

Wenn eine Menge an Aufgaben (hier: Probleme) auf begrenzte Kapazitäten stoßen (begrenzte Arbeitszeit) bedarf es einer Priorisierung. Mittels der Priorisierung (TP 4.1.3.1) soll sichergestellt werden, dass sich ein Problemlösungsteam der richtigen Aufgabe widmet, d. h. der Lösung des wichtigsten Problems. Dabei greift die in dieser Arbeit entwickelte Priorisierung auf das EISENHOWER-Prinzip zurück [GRÜN99], [ZÜGE07]. Folgende zwei Priorisierungsdimensionen kommen zum Einsatz:

Relevanz: Wie relevant ist das Problem für die Abteilung/ das Unternehmen/ den Kunden? Diese Einschätzung trifft das Team zusammen mit ihrer Führungskraft basierend auf den Auswirkungen des Problems auf die Abteilung/ das Unternehmen/ den Kunden.

Häufigkeit: Wie häufig ist die Abweichung/ das Problem schon aufgetreten?

Da die Priorisierung noch in der Shopfloor Management Besprechung ablaufen können soll und es sich um eine a priori Abschätzung bzgl. der Dimensionen handelt, wird auf simple Ausprägungen zurückgegriffen:

$$\text{Relevanz} = \{\text{Gering, Hoch}\}$$

$$\text{Häufigkeit} = \{\text{Selten, Häufig}\}$$

Somit ergibt sich eine 2x2 Priorisierungsmatrix mit den vier Kategorien A (hohe Relevanz, häufiges Auftreten), B (hohe Relevanz, seltenes Auftreten), C (geringe Relevanz, häufiges Auftreten) und D (geringe Relevanz, seltenes Auftreten). Ein Problem wird demnach in eine der vier Kategorien einsortiert und erst bearbeitet, wenn keine höher priorisierten Probleme verfügbar sind.

5.3 Problemkategorisierung

Bei der Problemkategorisierung wird das Problem p ausgehend von der Problembeschreibung einer oder mehreren Kompetenzen $K_j \in K$ zugeordnet (TP 4.1.3.2). Ziel dieses Prozessschritts ist die a priori Eingrenzung des Problemraums, um die anschließende Auswahl des Problemlösungsteams zu fokussieren. Es ist klar, dass eine solche vorab getroffene Einschätzung daneben liegen kann – es liegt in der Natur eines Problems, dass nicht alle Einzelheiten des Lösungsweges oder -raums bereits bekannt sind [BOUR71]. Doch diese Unsicherheit lässt sich durch eine Einschätzung von Führungskräften, erfahrenen Beschäftigten oder Experten eingrenzen und beherrschen.

Als Ausgangsbasis für die Kategorisierung stehen die identifizierten Kompetenzen des jeweiligen Teams zur Verfügung. Diese ergeben sich aus der erweiterten Qualifikationsmatrix (vgl. Abbildung 37) und können sich sowohl auf Arbeitsplätze, als auch methodische Kompetenzen beziehen.

Nun wird das Problem aus der Problembeschreibung p durch Auswahl einer oder mehrerer Kompetenzen $K_j \in K$ in das Problemkompetenzprofil $P \in \{0,1\}^n$ überführt:[28]

$$P = \begin{cases} 1, & \text{für alle ausgewählten } K_j \in K \\ 0, & \text{für alle anderen } K_j \in K \end{cases}$$

Das so erhaltene Problemkompetenzprofil ist stets ein Ausschnitt der im jeweiligen Team vorhandenen Kompetenzen K. Prinzipiell ist es auch möglich Kompetenzen außerhalb K auszuwählen, jedoch werden diese im folgenden Verlauf der Methode nicht weiter berücksichtigt und müssen gesondert adressiert werden. Stellt sich heraus, dass mehrere Kompetenzen außerhalb K liegen, so deutet dies darauf hin, dass das Problem p voraussichtlich nicht in diesem Team gelöst werden kann und eskaliert werden sollte.

[28] Dem Problem können so viele Kompetenzen zugeordnet werden wie es notwendig erscheint – maximal alle Kompetenzen K. Prinzipiell sollten die Kompetenzen fokussiert werden, die für das Problem eine wichtige Rolle spielen. Im Rahmen des Forschungsprojekts ZielKom wurden zwischen einer und sieben Kompetenzen ausgewählt.

5.4 Systematische Zuordnung von Problemen und Beschäftigten

Der Teilprozess 4.1.3.3 „Systematische Zuordnung von Problemen und Beschäftigten" bildet den Kern der Methode. In diesem Schritt werden ausgehend von den zuvor gesammelten Informationen Teammitglieder derart zusammengestellt, dass sie zum einen effektiv das Problem lösen können und zum anderen Kompetenzen entwickelt werden. Im Folgenden wird Schritt für Schritt durch die mathematische Beschreibung des Teilprozesses geführt und es werden gleichzeitig Ziele und Hintergründe dieser Schritte erläutert.

5.4.1 Umwandlung der Qualifikationsparametermatrix q_{ij} in die Parametermatrizen a_{ij} und z_{ij}

Um das Mengenüberdeckungsproblem auf die vorliegende Problemstellung anwenden zu können, müssen die Informationen zu Ist- und Ziel-Kompetenzen aus der erweiterten Qualifikationsmatrix extrahiert und in zwei separate Parametermatrizen aufgespalten werden. Diese sind wie folgt definiert:

$$a_{ij} = \begin{cases} 1, & \text{für alle } q_{ij} = 2 \\ 0, & \text{für alle } q_{ij} \neq 2 \end{cases}$$

$$z_{ij} = \begin{cases} 1, & \text{für alle } q_{ij} = 1 \\ 0, & \text{für alle } q_{ij} \neq 1 \end{cases}$$

Hierbei dient a_{ij} als Datenbasis für eine zielorientierte Auswahl geeigneter Beschäftigter zur effektiven Problemlösung und z_{ij} für eine entsprechende Auswahl an Personen, deren Kompetenzen entwickelt werden sollen. Für sämtliche Beschäftigte eines Teams ergeben sich somit die Parametermatrizen zu den Beschäftigtenkompetenzen a_{ij} und den Beschäftigtenkompetenzzielen z_{ij}:

$$a_{ij} = \begin{pmatrix} a_{11} & \cdots & a_{1n} \\ \vdots & \ddots & \vdots \\ a_{m1} & \cdots & a_{mn} \end{pmatrix} \text{ und } z_{ij} = \begin{pmatrix} z_{11} & \cdots & z_{1n} \\ \vdots & \ddots & \vdots \\ z_{m1} & \cdots & z_{mn} \end{pmatrix}$$

Darauf aufbauend kann nun das Mengenüberdeckungsproblem angewendet werden.

5.4.2 Auswahl der Beschäftigten durch Anwendung des Mengenüberdeckungsproblems

Für ein Team sind die Gesamtmenge an Kompetenzen *K*, sowie die Parametermatrizen a_{ij} und z_{ij} gegeben. Weiterhin schränkt ein Problem *p* mit dem zugehörigen Problemkompetenzprofil *P* die Gesamtmenge an Kompetenzen *K* derart ein, dass lediglich die Kompetenzen K_p betrachtet werden. Zur Zusammenstellung eines geeigneten Problemlösungsteams lässt sich das Mengenüberdeckungsproblem sowohl für die Ist-Kompetenzen, als auch für die Ziel-Kompetenzen anwenden.

5.4.2.1 Auswahl der Beschäftigten zur effektiven Lösung des Problems

Hier wird auf die Parametermatrizen zu den Beschäftigtenkompetenzen a_{ij} zurückgegriffen, um aufgrund der vorhandenen Kompetenzen die geeigneten Beschäftigten auszuwählen. Dann lässt sich in Anlehnung an das Mengenüberdeckungsproblem die Zielfunktion wie folgt formulieren[29]:

$$\min \sum_{i=1}^{m} x_i$$

D. h. es wird die kleinstmöglichste Anzahl an Beschäftigten gesucht, deren zusammengenommenes Kompetenzprofil dem des Problems entspricht. Dabei hat die Einschränkung der Kompetenzen auf *P* Auswirkungen auf die Nebenbedingungen (vgl. Abschnitt 5.3). Es müssen nicht mehr alle Kompetenzen *K* durchlaufen werden, sondern lediglich $\forall j: P_j = 1$. So gilt die Zielfunktion zusammen mit den Nebenbedingungen:

$$\sum_{i} a_{ij} x_i \geq 1 \ \forall j: P_j = 1 \text{ mit}$$

$$x_i \in \{0,1\} \forall i$$

Somit wird sichergestellt, dass für sämtliche ausgewählten Kompetenzen $P_j = 1$ es mindestens einen Beschäftigten gibt, der diese besitzt. Außerdem gilt die Bedingung, dass entweder ein Beschäftigter ausgewählt ist ($x_i = 1$), oder nicht ausgewählt ist ($x_i = 0$). Das Ergebnis ist ein Set $\mathcal{X} = \{X_1, \dots, X_o\}$ an möglichen Lösungen für das Problem, mit den Lösungen $X_k = (x_1, \dots, x_m)$ mit $k = 1, \dots, o$.

[29] Dabei ist nicht das Endergebnis der Zielfunktion entscheidend, sondern welche Beschäftigten ausgewählt werden, um die Zielfunktion zu erfüllen.

An dieser Stelle wird eine weitere Nebenbedingung eingeführt. So macht es in der Praxis wenig Sinn, mehr als drei Personen zur Lösung des Problems zusammenzustellen. Zum einen werden die Problemlösungsteams mit den Problemlösenden, Moderatoren, Lernenden und Experten zu groß, um effektiv arbeiten zu können. Zum anderen darf das Tagesgeschäft nicht zu sehr durch das Abstellen von Problemlösenden beeinflusst werden. D. h. es gilt für alle Lösungen X_k:

$$X_k = (x_1, \dots, x_m) \text{ mit}$$

$$1 \leq \sum_i x_i \leq 3 \text{ und}$$

$$x_i \in X_k$$

Damit erhält man ein Set an möglichen Teamzusammenstellungen $\mathcal{X}$ mit nicht mehr als drei Personen, deren zusammengenommene Kompetenzen K_i das Problem P adressieren können. Nun erfolgt die Ermittlung der Personen, deren Kompetenzen entwickelt werden sollen.

5.4.2.2 Auswahl der Beschäftigten zur Kompetenzentwicklung

In diesem Schritt werden die Personen zur Kompetenzentwicklung ausgewählt. Hier werden erneut die Ungleichungen des Mengenüberdeckungsproblems gelöst, nur diesmal mit der Parametermatrix der Beschäftigtenkompetenzziele z_{ij}. So gilt folgende Zielfunktion inkl. Nebenbedingungen:

$$\min \sum_i y_i \text{ mit}$$

$$\sum_i z_{ij} y_i \geq 1 \; \forall j: P_j = 1$$

$$y_i \in \{0,1\} \forall i$$

Das Ergebnis ist ein Set $\mathcal{Y} = \{Y_1, \dots, Y_r\}$ an möglichen Lösungen für das Problem, mit den Lösungen $Y_l = (y_1, \dots, y_m)$ mit $l = 1, \dots, r$. wobei hier aus den gleichen Gründen wie zuvor die Einschränkung $1 \leq \sum_i y_i \leq 3$ getroffen wird. Der Lösungsraum für die Auswahl der Lernenden besteht aus denselben Beschäftigten wie zuvor der Lösungsraum der Problemlösenden X_k. Dies kann bei $\sum_i x_i > 1 \vee \sum_i y_i > 1$ dazu führen, dass ein und dieselbe Person sowohl Teil der Problemlösenden, als auch Teil der Lernenden ist – jedoch bezogen auf jeweils unterschiedliche Kompetenzen.[30]

5.4.3 Zusammenführung der Lösungsräume und Priorisierung der Auswahlmöglichkeiten durch Kostenkoeffizienten

In diesem letzten Schritt werden schließlich die beiden Lösungsräume X_k und Y_l miteinander verknüpft, ggf. durch eine Gewichtung priorisiert und der Führungskraft als Vorschlagsliste zur Teamzusammensetzung präsentiert.

Nun sind prinzipiell sämtliche Kombinationen X_k und Y_l möglich, aber unterschiedlich wertvoll. So haben Unternehmen verschiedene Rahmenbedingungen, die sich unterschiedlich auf die Priorisierung der Zusammensetzung von Problemlösungsteams auswirken. Beispiele für solche Zielstellungen sind u. a.:

1. Der Einsatz von Experten oder externen Ressourcen bei Problemlösezirkeln. Dabei können diese mit spezifischen Kosten versehen werden, wenn sie für ein Problemlösungsteam zum Einsatz kommen sollen.
2. Der Einsatz von Beschäftigten, die noch wenig Erfahrung im Lösen von Problemen haben, soll bevorzugt werden, um eine gleichmäßige Einbindung des Teams in die Problemlösung zu erreichen.
3. Die Kombination von Beschäftigten unterschiedlichen Alters. So sollen altersgemischte Teams, d. h. Teams mit möglichst großen Altersspannen bevorzugt zusammengestellt werden, um den Wissenstransfer Generationen zu fördern und negativen Demografiestereotypen entgegen zu wirken [METT17a].

Der Einsatz von Kostenkoeffizienten stellt eine elegante Möglichkeit dar die unterschiedlichen Teamzusammenstellungen zu priorisieren. Ein Kostenkoeffizient c_i beschreibt die „Kosten" der Auswahl des Beschäftigten M_i durch die Ergänzung der Zielfunktion:

$$\min \sum_i c_i x_i \text{ mit}$$

[30] Das Zusammenfallen von Problemlösenden und Lernenden in einer Person (i. A. a. Juristik hier „Konfusion" genannt) stellt an sich kein Hindernis dar, da es für den Fall $\sum_i x_i = 1 \vee \sum_i y_i = 1$ ausgeschlossen ist. Der Extremfall – beide Lösungsräume sind identisch, d. h. $Y_l = X_k$ – führt zu einem Problemlösungsteam aus zwei oder mehr Personen (exkl. Moderator und Experten), welches sich gegenseitig hilft und voneinander lernt.

$$c_i \in c = (c_1, \dots, c_m)$$

Die hinterlegten Werte in einem Kostenkoeffizienten c können dabei unterschiedlichster Natur sein und müssen nicht zwangsläufig echten (Personal-)Kosten entsprechen. Denkbar ist auch für Zielstellung 2 die Anzahl der bereits durchgeführten Problemlösezirkel in dem Kostenkoeffizienten zu hinterlegen und damit Beschäftigte, die bereits viele Probleme gelöst haben für weitere Zusammenstellungen „teurer“ zu machen.

Für die Zielstellungen 1 und 2 können die Lösungen X_k und Y_l direkt mit einem Kostenkoeffizienten c_i multipliziert werden, um die kostengünstigste Kombination aus X_k und Y_l zu finden. Damit ergibt sich für den Teilprozess der systematischen Zuordnung von Problemen und Beschäftigten folgende Zielfunktion inkl. Nebenbedingungen:

$$\min\left(\sum_i c_i x_i + \sum_i c_i y_i\right) \text{ mit}$$

$$\sum_i a_{ij} x_i \geq 1 \; \forall j: P_j = 1,$$

$$\sum_i z_{ij} y_i \geq 1 \; \forall j: P_j = 1 \text{ und}$$

$$x_i, y_i \in \{0,1\} \forall i$$

Die sich daraus ergebenden Lösungen X_k und Y_l sind unterschiedlich „teuer“ und können über die Kosten priorisiert werden.

Zielstellung 3 hingegen steht in direkter Abhängigkeit von der gewählten Kombination aus X_k und Y_l. Hier bedarf es eines Kostenkoeffizienten, der die Kombination zweier Beschäftigter berücksichtigt, so dass der Kostenkoeffizient zu einer Kostenmatrix c_{ij} erweitert werden muss. Die Kostenmatrix c_{ij} beschreibt die Kosten der Zusammenstellung des Beschäftigten i mit dem Beschäftigten j in einem Problemlösungsteam und folgt dabei der Form:

$$c_{ij} = \begin{pmatrix} c_{11} & \cdots & c_{1n} \\ \vdots & \ddots & \vdots \\ c_{m1} & \cdots & c_{mn} \end{pmatrix}$$

Diese ist symmetrisch, d. h. $c_{ij} = c_{ji}$. Für die kosteneffizienteste Teamzusammenstellung werden die minimalen Kosten aus den Kombinationen von X_k und Y_l gesucht. Damit ergibt sich für den Teilprozess der systematischen Zuordnung von Problemen und Beschäftigten folgende Zielfunktion inkl. Nebenbedingungen:

$$\min \sum\nolimits_{ij} c_{ij} x_i y_j \text{ mit}$$

$$\sum\nolimits_{i} a_{ij} x_i \geq 1 \; \forall j\colon P_j = 1,$$

$$\sum\nolimits_{i} z_{ij} y_i \geq 1 \; \forall j\colon P_j = 1 \text{ und}$$

$$x_i, y_i \in \{0,1\} \forall i$$

Äquivalent zu den Zielstellungen 1 und 2 wird hier ebenfalls nach der Zielfunktion priorisiert. Je nach Zielstellung ergeben sich somit unterschiedliche Gleichungssysteme als Grundlage der Methode. Abbildung 40 zeigt zusammenfassend den Ablauf der Methode zur systematischen Zuordnung von Problemen im Überblick.

Um die Anforderungen der einfachen Anwendbarkeit und Adressierung der Zielgruppe zu erfüllen (vgl. Kapitel 3.1.2), stellt das folgende Kapitel die Umsetzung der Methode als digitale Applikation in MICROSOFT EXCEL vor. So müssen Teams, bzw. ihre Führungskräfte in der Produktion keine mathematischen Gleichungen lösen, sondern erhalten stattdessen mittels einfacher Eingaben in EXCEL Unterstützung bei der Teamzusammenstellung.

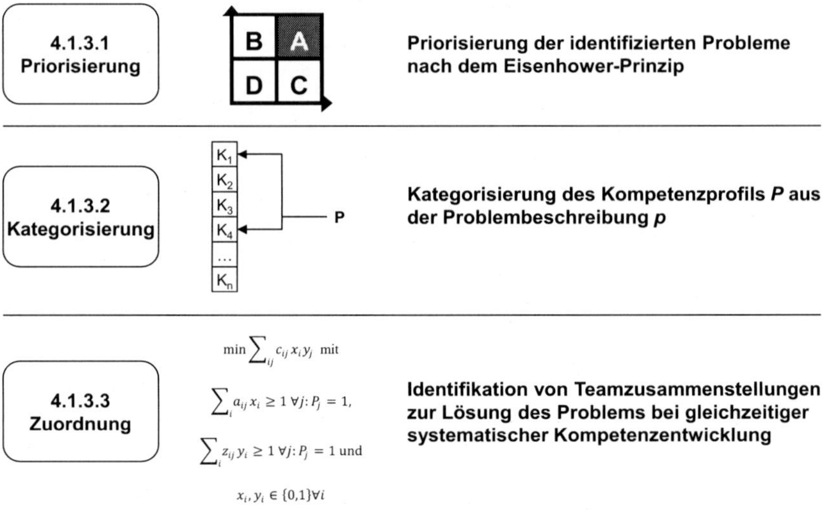

Abbildung 40: Methode zur systematischen Zuordnung von Problemen in der Übersicht

5.5 Umsetzung der Methode als digitale Applikation

Die Vorgehensweise bei der Entwicklung der digitalen Applikation richtet sich nach gängigen Vorgehensmodellen zur Softwareentwicklung. Nach SCHNEIDER sind die am häufigsten eingesetzten Modelle [SCHN12]:

1. Wasserfallmodelle (auch iterative)
2. V-Modelle
3. Unified Software Development Process Modelle
4. Agile Modelle

Dabei gelten die Modelle 1-3 mit ihrer Unterteilung des Entwicklungsprozesses in Phasen zu den sogenannten *schwerwiegenden* Ansätzen. In diesen Ansätzen wird davon ausgegangen, dass eine abgeschlossene Phase eine stabile Basis für die darauffolgenden Phasen bildet. Da in der Praxis jedoch häufig rückwirkende Änderungen vorgenommen werden müssen, versuchen *leichtgewichtige* Ansätze, wie die agilen Modelle, diesem Umstand entgegenzuwirken [SCHN12].

Agile Vorgehensmodelle oder auch *Extreme Programming* Ansätze in der Softwareentwicklung verfolgen einen sehr pragmatischen Entwicklungsprozess. Dabei kann die Dokumentation der Entwicklungsschritte in den Hintergrund rücken und das Vorgehen ist generell weniger strukturiert im Vergleich zu den anderen Modellen. Dies wird jedoch zu Gunsten einer schnellen Codeentwicklung und Implementierung in Kauf genommen [SUCC01]. Die Umsetzung der entwickelten Methode zur systematischen Zuordnung von Problemen folgt grundsätzlich dem Vorgehen der agilen Softwareentwicklung.

5.5.1 Planung der digitalen Applikation

Für die programmiertechnische Umsetzung wird auf MICROSOFT EXCEL und das dazugehörige VISUAL BASIC FOR APPLICATIONS (VBA) zurückgegriffen. VBA ist eine Skriptsprache, die aus der von MICROSOFT entwickelten Programmiersprache VISUAL Basic abgeleitet wurde [MATT05]. Dabei regelt VBA die Steuerungsabläufe in Office-Anwendungen wie MICROSOFT EXCEL und bietet die Möglichkeit über die Standardfunktionen hinaus gewünschte Abläufe zu standardisieren und sich wiederholende Aktivitäten zu automatisieren. Somit eignet sich VBA, um innerhalb einer bekannten Arbeitsumgebung, wie MICROSOFT EXCEL, neue Methoden zu integrieren und zielgruppentauglich darzustellen.

Zur Vereinfachung der Anwendung und Darstellung wird im entwickelten Programm auf eine vereinfachte Form der Personenterminologie zurückgegriffen, d. h. Beschäftigte, die bereits Kompetenzen besitzen, um das Problem zu lösen, werden fortan als *Problemlöser* bezeichnet und Beschäftigte, die diese Kompetenzen erst noch entwickeln sollen, werden fortan als *Lerner* bezeichnet.

5.5.2 Entwurf der Programmarchitektur

Insgesamt besteht das Programm aus acht Tabellenblätter in einer MICROSOFT EXCEL Datei – einer Bedienoberfläche, einer Eingabemöglichkeit für die Qualifikationen sowie sechs nicht-zugängliche Tabellenblätter, in denen das Programm temporär Informationen speichert (vgl. Abbildung 41). Die Tabellenblätter *Interface* und *Qualifikationen* stellen dabei das Front-End des Programms dar. Im *Interface* können Nutzer die Qualifikationen ihres jeweiligen Teams laden, die Kategorisierung des Problems eingeben und sich eine Zuordnung von Teammitgliedern ausgeben lassen. Aktuelle Qualifikationsmatrizen können in das Tabellenblatt *Qualifikationen* kopiert werden, um sie in das Programm zu laden, d. h. in die Parametermatrizen a_{ij} und z_{ij} umzuwandeln. Die Funktionen der sechs weiteren Tabellenblätter kann Abbildung 41 entnommen werden. In ihnen werden Daten zwischengespeichert, die zur Durchführung des Programms benötigt werden. Zwar ist es auch möglich all diese Daten im Hintergrund in Variablen zu speichern, jedoch ist über diese Zwischenspeicherung der Daten eine höhere Nachvollziehbarkeit gegeben und mögliche Fehler können schneller behoben werden.

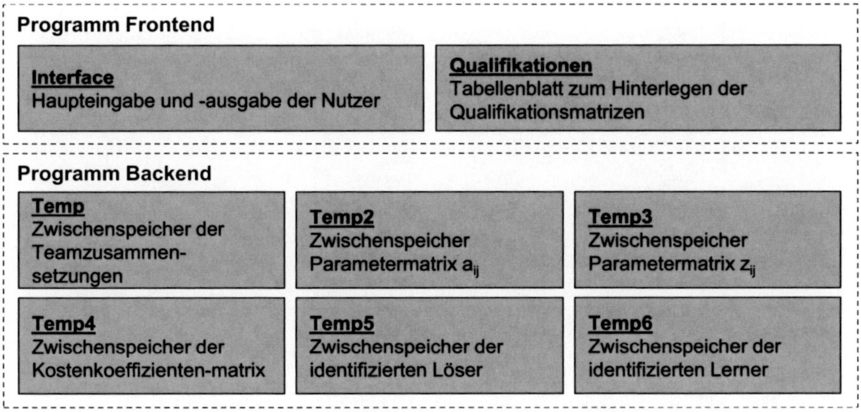

Abbildung 41: Programmarchitektur mit den zugehörigen Tabellenblättern

Das *Interface* als Benutzeroberfläche gliedert sich in zwei Teile. In den Einstellungen lassen sich neue Qualifikationsmatrizen einlesen, die Problemauswahl zurücksetzen oder die Teamzusammenstellung löschen. Der Arbeitsbereich gliedert sich in die Schritte Kategorisierung des Problems, Problemzuweisung sowie Ausgabe der Ergebnisse des Algorithmus. Abbildung 42 zeigt das *Interface* im Überblick. Benutzer haben außerdem die Möglichkeit Farbeinstellung für das Einlesen der Qualifikationsmatrizen vorzunehmen, d. h. die Farben für „Kompetenz vorhanden", „Kompetenz wird aufgebaut" und „Kompetenz nicht relevant" festzulegen. Die Ausgabe der Ergebnisse zeigt die zehn am höchsten priorisierten Ergebnisse in absteigender Reihenfolge. Sollten alle zehn Ergebnisse aus betrieblichen Gründen nicht in Frage kommen, so besteht die Möglichkeit sich weitere Ergebnisse ausgeben zu lassen.

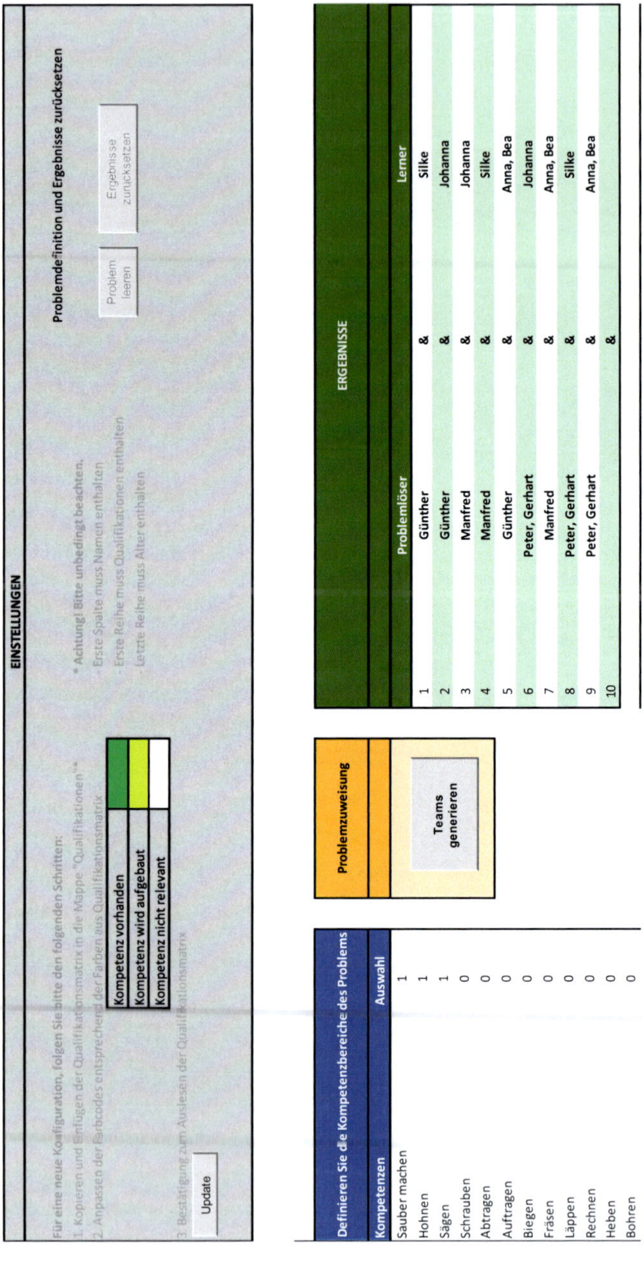

Abbildung 42: Benutzeroberfläche „Interface“ der digitalen Applikation

5.5.3 Programmierung der digitalen Applikation

Das Programm selbst ist in sechs Module inkl. Subroutinen und Funktionen sowie drei Klassenmodule unterteilt. Die Module bilden die wichtigsten Funktionen des Programms ab, wohingegen die Klassenmodule die Verfügbarkeit der Informationen aus den Qualifikationsmatrizen sicherstellen (Kompetenzen und deren Anzahl, Beschäftigte und deren Anzahl, etc.). Abbildung 43 gibt einen Überblick über die Module und Klassenmodule sowie deren Verbindung untereinander.

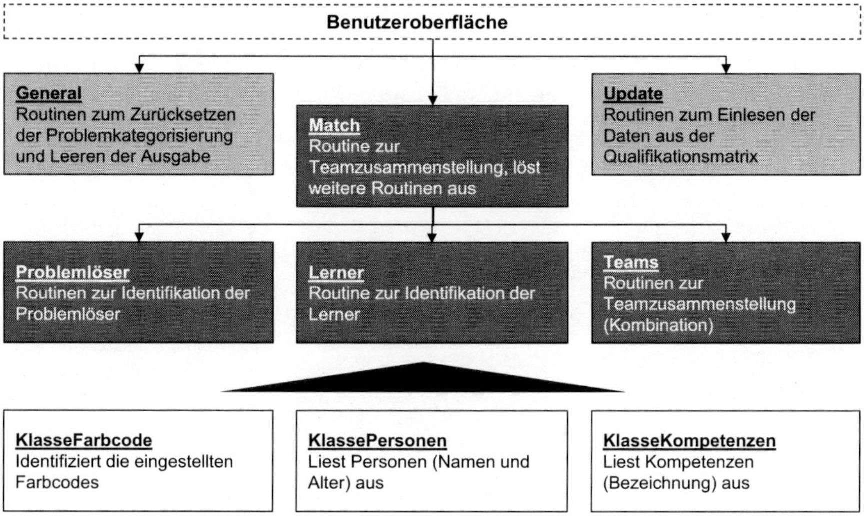

Abbildung 43: Module, Klassenmodule und deren Verknüpfung

5.5.3.1 Beschreibung der Module inkl. Subroutinen, Funktionen und Klassen

Die drei Klassenmodule *KlasseFarbcodes*, *KlassePersonen* und *KlasseKompetenzen* stellen den anderen Programmteilen Daten mittels Property Get-Methoden zur Verfügung, die zuvor durch Subroutinen ermittelt wurden. Diese Daten beinhalten u. a. die von Benutzern ausgewählten Farbcodes, die Anzahl an Personen im Team, deren Namen und Alter, sowie die Anzahl an Kompetenzen und deren Bezeichnung. Das Modul *General* enthält die Subroutinen zum Zurücksetzen der Problemkategorisierung und zum Löschen der ausgegebenen Ergebnisse. Beide Routinen können von Benutzern direkt angesprochen werden. Im *Update* Modul ist die Subroutine zum Einlesen der Qualifikationsmatrizen hinterlegt. Dabei werden ausgehend von der hinterlegten Qualifikationsmatrix die Parametermatrizen a_{ij} und z_{ij} sowie die Kostenkoeffizientenmatrix c_{ij}

erstellt und in die Tabellenblätter *temp2*, *temp3*, *temp4* geschrieben. Diese Routine muss jedes Mal ausgeführt werden, sobald sich Informationen in der Qualifikationsmatrix ändern.

Das Modul *Match* beinhaltet die Subroutine zur Ausführung des Algorithmus. Diese liest die Problemkategorisierung ein und übergibt sie an die Funktionen *FindeLoeser* und *FindeLerner*. Diese Funktionen bilden das Herzstück des Algorithmus und sind zusammen mit dafür benötigten Subroutinen in den Modulen *Problemloeser* und *Lerner* hinterlegt. Eine ausführliche Funktionsbeschreibung findet sich in den nächsten Abschnitten. Nachdem die Funktionen die Lösungsräume X und Y (*arrX*, *arrY*) zurückgegeben haben und damit Problemlöser und Lerner identifiziert wurden, wird mit diesen die Subroutine *KreiereTeams* aufgerufen. Darin werden alle möglichen Kombinationen aus X und Y gebildet und nach folgenden Kriterien priorisiert:

1. Minimierung der gesamten Teamgröße
2. Minimierung der Anzahl an Problemlösern
3. Minimierung der Anzahl an Lernern
4. Maximierung der Altersdiskrepanz innerhalb des Teams durch eine Kostenmatrix c_{ij}

Anschließend werden die ersten zehn Ergebnisse auf dem Tabellenblatt *Interface* ausgegeben. Generell sind in sämtlichen Routinen Abbruchkriterien hinterlegt, die Fehlermeldungen mit entsprechenden Hinweisen an die Benutzer ausgeben, sollte eine Fehlbedienung erfolgen.

5.5.3.2 Programmiertechnische Umsetzung der Methode mittels Bit-AND und Bit-OR Vergleiche

Die Identifikation von Problemlösern und Lernern erfolgt analog, so dass sich hier auf das Vorgehen für die Problemlöser beschränkt wird. Es geht um die programmiertechnische Umsetzung der mathematischen Nebenbedingung:

$$\sum_i a_{ij} x_i \geq 1 \; \forall j: P_j = 1$$

Da nicht mehr als drei Problemlöser gleichzeitig in einem Problemlösungsteam arbeiten sollen, wird in drei Schleifen nach einem, zwei und drei Beschäftigten gesucht, die die geforderten Kompetenzen K_p erfüllen. Zur Auflösung der Nebenbedingungen in EXCEL VBA werden die Bit-AND und Bit-OR Vergleiche angewendet. Die Funktionsweise besteht in dem Vergleich zweier Bit-Werte. Falls einer der beiden Werte „0" beträgt, gibt die Bit-AND Operation den Wert „0" aus – andernfalls „1". Analog dazu gibt die Bit-OR Operation den Wert „1" aus, sobald mindestens einer der beiden Werte „1" beträgt. Tabelle 6 zeigt schematisch die Funktionsweise der beiden Operationen für den Fall, dass zwei Beschäftigte das Problem lösen können.[31] Hier wird die Bit-AND Operation mit „&" bezeichnet und die Bit-OR Operation mit „|".

Tabelle 6: Schematische Darstellung der Funktionsweise von Bit-AND und Bit-OR

Kombinationen	**Kompetenzen**						
M_x	0	1	1	0	0	0	0
M_y	1	0	0	0	1	0	1
$M_x \mid M_y$	1	1	1	0	1	0	1
P	1	1	0	0	0	0	1
$(M_x \mid M_y)$ & P	1	1	0	0	0	0	1

Tabelle 7 zeigt den Ausschnitt des Programmcodes, welcher die Sets an Beschäftigten mit dem Problemkompetenzprofil vergleicht. Dabei wird zur Steigerung der Effizienz des Algorithmus die Hypothese „Beschäftigter M_x besitzt die Kompetenzen für Problem p" falsifiziert, d. h. es wird a priori angenommen, dass die Kompetenzen vorhanden sind (*HatKompetenz = true*) und bei einem Fehlschlag der Bit-AND Operation die Schleife beendet. Wird durch die Bit-Vergleiche die Hypothese nicht falsifiziert, so werden die Daten der zugehörigen Beschäftigten in die zugehörigen Arrays ausgeschrieben.

Tabelle 7: Programmcode zur Auswahl der Problemlöser

```
For s = 1 To AnzahlKompetenzen
        If pkp(s - 1) = 1 Then
                Ergebnis = (AMatrixLoeser(NichtEinLoeser(i) - 1, s - 1) Or
                AMatrixLoeser(NichtEinLoeser(j) - 1, s - 1)) And pkp(s - 1)
                If Ergebnis <> pkp(s - 1) Then
                        HatKompetenz = False
                        Exit For        'Schleife beenden, sobald erste
                                        Diskrepanz auftritt
                End If
        End If
Next
```

[31] Die Fälle für einen Beschäftigten bzw. drei Beschäftigte sind Vereinfachungen respektive Erweiterungen dieses Falles. Für einen Beschäftigten kann der Bit-OR Vergleich weggelassen werden. Für drei Beschäftigte wird ein weiterer Bit-OR Vergleich hinzugenommen.

5.5.3.3 Beschreibung der Umsetzung der Methode als Brute Force Algorithmus.

Wie zuvor beschrieben, ist das Mengenüberdeckungsproblem NP-vollständig, d. h. es lässt sich nicht deterministisch in Polynominalzeit lösen [KARP72]. Eine Konsequenz daraus ist, dass es für diese Art von Problemen keine effizienten Lösungsalgorithmen gibt.[32] Aus diesem Grund werden in der vorgestellten digitalen Applikation sämtliche Kombinationen durchprobiert. In der Informatik bezeichnet man dieses Vorgehen als *Brute Force*. Jedoch werden bei der entwickelten Methode Einschränkungen getroffen, die die benötigte Anzahl Rechenoperationen drastisch reduziert. Zwei Faktoren bestimmen die Kombinationsmöglichkeiten maßgeblich: die Anzahl der Beschäftigten m und die Anzahl der Kompetenzen n.

Da nur bis zu drei Problemlöser und Lerner gesucht werden, d. h. $k = 3$, reduziert sich die Anzahl möglicher Kombinationen auf:

$$\binom{m}{\mathrm{k}} = \binom{m}{3} = \frac{m!}{(m-3)!\,3!}$$

Bei einer (sehr großen) Teamgröße von 50 Personen, d. h. $m = 50$, entspricht das 19.600 Kombinationen. Des Weiteren werden auch nicht sämtliche Kompetenzen betrachtet, sondern auch hier nur ein Ausschnitt basierend auf dem Problem p. Für eine Auswahl von zehn Kompetenzen, d. h. $\sum_i K_i = 10$, entspricht das einer Menge von 196.000 zu durchlaufenden Schleifen. Diese Mengen von Rechenoperationen werden von aktuellen PCs in wenigen Millisekunden erledigt.

Die in diesem Kapitel entwickelte Methode und deren Umsetzung als digitale Applikation werden im folgenden Kapitel hinsichtlich der Anforderungen aus Abschnitt 3.1.2 sowie Zielerreichung, Wirksamkeit und Effizienz validiert.

[32] Die Informatik unterscheidet zwischen effizienten Polynominalzeit-Algorithmen (n^X) und nicht-effizienten Exponentialzeit-Algorithmen (X^n) bei einer Eingabegröße n [GARE09].

6 Evaluierung der Methode

Die Evaluierung der Methode zur systematischen Zuordnung von Problemen und Beschäftigten folgt dem Vorgehen der Bewertung technischer Systeme [BREI97]. Dabei werden die in Kapitel 3 aufgestellten Anforderungen an die Methode in Bewertungskriterien umgewandelt und anhand von Fallstudien bewertet. Im Vordergrund steht die Überprüfung des Hauptforschungsziels, d. h. der Frage, ob eine Methode zur systematischen Zuordnung von Problemen und Beschäftigten im Rahmen von Shopfloor Management in der Produktion entwickelt werden konnte.

Um dies zu erreichen wird die entwickelte Methode vorrangig auf *Zielerreichung*, *Wirksamkeit* und *Effizienz* überprüft. Nachrangig erfolgt eine Überprüfung der folgenden Anforderungen an die Methode (vgl. Abschnitt 3.1.2):

- Einfache Anwendbarkeit
- Die Methode richtet sich an Entscheidungsträger aus dem Bereich der Produktion
- Integrierbarkeit der Methode in die Abläufe des Shopfloor Managements mithilfe eines Leitfadens zur Teamzusammenstellung

Das Evaluationsvorgehen folgt dabei dem Prinzip der *Methodentriangulation* zur Erhöhung der Validität der Ergebnisse [FLIC08b]. Die Triangulation besteht aus vergleichenden Studien zu der entwickelten Methode gegenüber bisheriger Vorgehensweisen sowie Interviews mit Experten aus der Industrie. Das Evaluationsvorgehen wird auf drei Fallstudien mit Unternehmen aus drei verschiedenen Branchen angewendet.

Nach einer Darstellung des Untersuchungsaufbaus zur Evaluierung der Methode folgt die Beschreibung der drei Fallstudien. Abschließend werden die gewonnen Erkenntnisse zusammengefasst aufbereitet.

6.1 Untersuchungsaufbau und Fallkonzeption

Zur Evaluierung der Methode zur systematischen Zuordnung von Problemen in der Produktion an Problemlösungsteams wird diese auf drei Fallstudien aus der industriellen Praxis angewendet. Um die Zielerreichung der Methode zu überprüfen, werden Problemzuweisungen sowohl von Experten bzw. Führungskräften nach deren bisherigen, intuitiven Vorgehen durchgeführt, als auch die entwickelte Methode angewendet (vgl. Abbildung 44). Anschließend werden beide Ergebnisse gegenübergestellt und bewertet.

Dabei erfolgt auch eine Plausibilitätsprüfung der Ergebnisse aus beiden Anwendungen, d. h. basierend auf den vorliegenden erweiterten Qualifikationsmatrizen wird überprüft, ob die Ergebnisse sinnvoll sind.

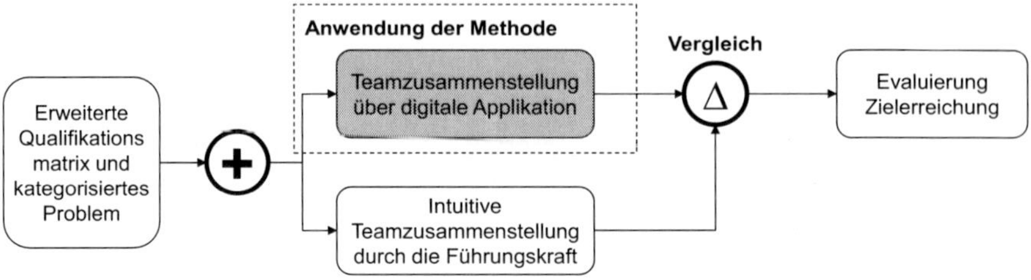

Abbildung 44: Untersuchungsaufbau zur Evaluierung der Zielerreichung

Die Problemzuweisungen fanden im Rahmen von realisierten *Problemlösezirkeln* in TP 3.1 (Systematische Problemlösung/ Ursachenfindung) statt. Diese sind eine Form der arbeitsintegrierten Kompetenzentwicklung und basieren auf den bekannteren Qualitätszirkeln [JOKO17]. Hierbei kommen kleine Gruppen von Beschäftigten unter Anleitung eines Moderators in regelmäßigen Abständen zusammen und lösen im gemeinsamen Austausch durch ein standardisiertes Vorgehen Probleme aus der Produktion.

Abschließend erfolgt eine Gesamtevaluation mittels einer Befragung zu Zielerreichung, Wirksamkeit und Effizienz mit Experten aus der Industrie. Das Vorgehen zur Gestaltung und Durchführung der Experteninterviews orientiert sich an dem Vorgehen zur Validierung des Modells (vgl. Abschnitt 4.3). Bezüglich der theoretischen Differenzierung der Fragestellung wurden den Experten zur Einschätzung der Methode die folgenden Fragen gestellt:

- Was halten Sie von der Methode? Ist das 3-Schritt-Vorgehen aus Ihrer Sicht verständlich?
- Ist die Methode relevant für die Praxis?
- Ist die in der Methode beschriebene Vorgehensweise sinnvoll und praktikabel für die involvierten Zielgruppen?
- Halten Sie die beschriebene Methode für ein wirksames Vorgehen hinsichtlich des Ziels der systematischen Kompetenzentwicklung in der Produktion?
- Halten Sie die beschriebene Methode für integrierbar in die täglichen Abläufe einer Produktion?

- Fehlen Ihnen Elemente/ Vorgehensweisen in der Methode?

Zur Einschätzung des Teilprozesses *Systematische Zuordnung von Problemen und Beschäftigten* sowie die Umsetzung als digitale Applikation wurden die folgenden Fragen gestellt:

- Ist das Vorgehen im Teilprozessschritt 4.1.3.3 schlüssig für Sie?
- Halten Sie die Umsetzung der Methode in einem EXCEL-Tool für sinnvoll und praktikabel für die involvierten Zielgruppen?
- Halten Sie das beschriebene Vorgehen für effizient bzgl. der gewünschten Zielerreichung?
- Halten Sie das beschriebene Vorgehen für integrierbar in die täglichen Abläufe einer Produktion?
- Fehlen Ihnen Elemente/ Vorgehensweisen im Teilprozessschritt?

Der vollständige Interviewleitfaden findet sich im Anhang A.4.

Tabelle 8: Evaluierungsübersicht der durchgeführten Fallstudien

Fallstudien		Evaluierungsdimensionen		
Nr.	**Beschreibung**	**Zielerreichung**	**Wirksamkeit**	**Effizienz**
Farb- und Lackbranche				
1a	Falsche Etikettierung	X		
1b	Bestandsabweichung Rohstofflager	X		
1c	Experteninterview		X	X
Werkzeugmaschinenbranche				
2a	Maße für Gleitbuchsen außerhalb des Toleranzbereichs	X		
2b	Toleranzabweichung in der Gehäusefertigung	X		
2c	Experteninterview		X	X
Fertigungsmesstechnikbranche				
3	Experteninterview		X	X

Die im Rahmen der Evaluierung durchgeführten Fallstudien sowie die Interviews wurden mit den am Projekt beteiligten Unternehmen des Forschungsprojekts „ZielKom“ durchgeführt. Tabelle 8 gibt einen Überblick über die Evaluierungen bei den unterschiedlichen Fallstudien.

6.2 Fallstudien in einem Unternehmen der Farb- und Lackbranche

Die durchgeführten Fallstudien im Unternehmen der Farb- und Lackbranche beinhalten die Fallstudien 1a und 1b sowie ein durchgeführtes Experteninterview zur Evaluierung der Wirksamkeit und Effizienz der Methode. Das Unternehmen mit ca. 5000 Beschäftigten hat bereits eine Lean-Transformation in den Bereichen Produktion und Logistik durchgeführt und Shopfloor Management erfolgreich seit einigen Jahren implementiert.

6.2.1 Fallstudie 1a – Problemzuweisung Etikettierung fehlerhaft

6.2.1.1 Allgemeine Beschreibung der Problemzuweisung

Das Problem der fehlerhaften Etikettierung beinhaltet die Weitergabe falsch beschrifteter Farbbehälter an die nachfolgenden Abfüllprozesse und besteht bereits seit einigen Monaten. Die falsche Etikettierung äußert sich dabei auf zwei Arten. Zum einen kann es passieren, dass die falschen Etiketten auf den richtigen Farbbehältern angebracht werden. Zum anderen können auch die richtigen Etiketten auf den falschen Farbbehältern angebracht werden. Beides führt dazu, dass nach der erfolgten Abfüllung Aufdruck und Inhalt des Farbbehältern nicht übereinstimmen.

Aufgrund der damit verbundenen Qualitätsmängel wurde das Problem als wichtig eingestuft. Das Problem ist in der Vergangenheit schon häufiger in der Abteilung Etikettierung aufgetreten. Abbildung 45 zeigt die erweiterte Qualifikationsmatrix inkl. der kategorisierten Kompetenzen des Problems.

6.2.1.2 Überprüfung der Zielerreichung

Die Anwendung der digitalen Applikation zur Problemzuweisung auf das vorliegende Problem beinhaltet das Einlesen der vorhandenen erweiterten Qualifikationsmatrix und die Auswahl der kategorisierten Kompetenzen, genauer:

- AP ImagePress C6011
- Drucketiketten vorbereiten und schneiden
- Bestandskontrolle
- SOTON-Aufträge bearbeiten
- Paspeln drucken

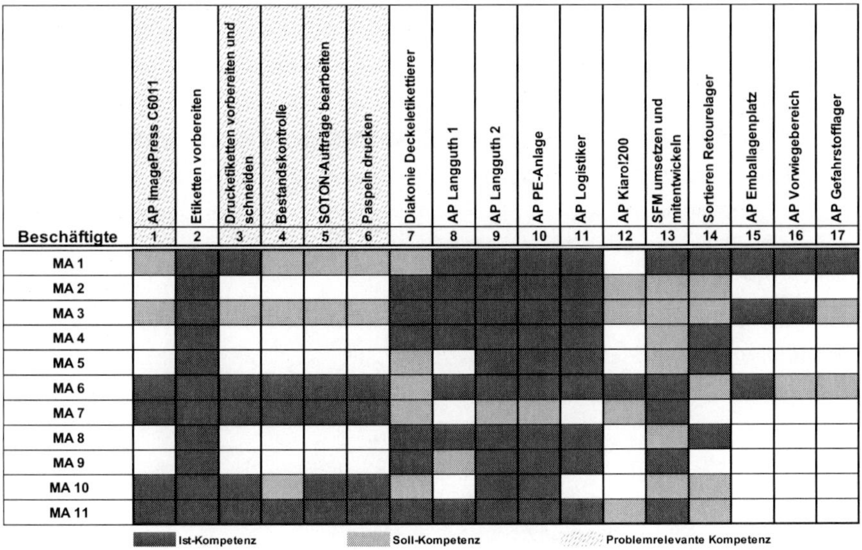

Abbildung 45: Erweiterte Qualifikationsmatrix der Abteilung Etikettierung

Das Auslösen der Teamzusammenstellung generiert die Ergebnisaufstellung in Abbildung 46, d. h. der Algorithmus konnte drei verschiedene Zusammenstellungen identifizieren.

ERGEBNISSE			
	Problemlöser		Lerner
1	MA 6	&	MA 3
2	MA 7	&	MA 3
3	MA 11	&	MA 3
4		&	
5		&	
6		&	
7		&	
8		&	
9		&	
10		&	

Abbildung 46: Ergebnisse der Methode zu Fallstudie 1a

Parallel dazu hat sich die zuständige Führungskraft für MA 11 als Problemlöser und MA 3 als Lerner entschieden.

6.2.1.3 Bewertung der Zielerreichung

Die Anwendung der Methode in Form der digitalen Applikation liefert drei Ergebnisse in Form von drei möglichen Teamzusammenstellungen. Hierbei kommen drei Beschäftigte in Frage, um das Problem zu lösen, da jeder für sich sämtliche kategorisierten Kompetenzen besitzt. Auf der anderen Seite gibt es genau eine Person, die genau diese Kompetenzen entwickeln soll (MA 3). Vergleicht man die Ergebnisse mit der von der Führungskraft bestimmten Teamzusammenstellung, so kann eine Übereinstimmung festgestellt werden. Die Führungskraft hat sich intuitiv für die vom Programm vorgeschlagene Lösung 3 entschieden. So lässt sich festhalten, dass die Methode über das von der Führungskraft gewählte Team hinaus zwei weitere Vorschläge vorgebracht hat und damit die Führungskraft in ihrer Entscheidungsfindung unterstützen kann.

6.2.2 Fallstudie 1b – Problemzuweisung Bestandsabweichungen im Rohstofflager

6.2.2.1 Allgemeine Beschreibung der Problemzuweisung

Beim Problem der Bestandsabweichungen im Rohstofflager stimmen die physischen Bestände im Lager nicht mit den theoretischen Beständen im System überein. Die Folge davon ist, dass laut System genug Material im Lager sein sollte, um einen Auftrag zu beschicken, jedoch bei der logistischen Auftragsbearbeitung im Rohstofflager nicht genug Material vorhanden ist.

Da es dadurch immer wieder zu Zeitverzug von Aufträgen kommt und Produktionspläne durcheinander kommen, wurde das Problem als wichtig eingestuft. Außerdem ist es in der Vergangenheit schon häufiger aufgetreten. Das Problem liegt in der Abteilung Rohstofflager und Abbildung 47 zeigt die erweiterte Qualifikationsmatrix inkl. der kategorisierten Kompetenz des Problems.

6.2.2.2 Überprüfung der Zielerreichung

Die Anwendung der digitalen Applikation zur Problemzuweisung auf das vorliegende Problem beinhaltet das Einlesen der erweiterten Qualifikationsmatrix und die Auswahl der zugewiesenen Kompetenz, in diesem Fall: *Logistiker SAP WM-ROH.*

Das Auslösen der Teamzusammenstellung generiert mehr als zehn Ergebnisse. Die zehn am höchsten priorisierten Ergebnisse zeigt die Ergebnisaufstellung in Abbildung 48.

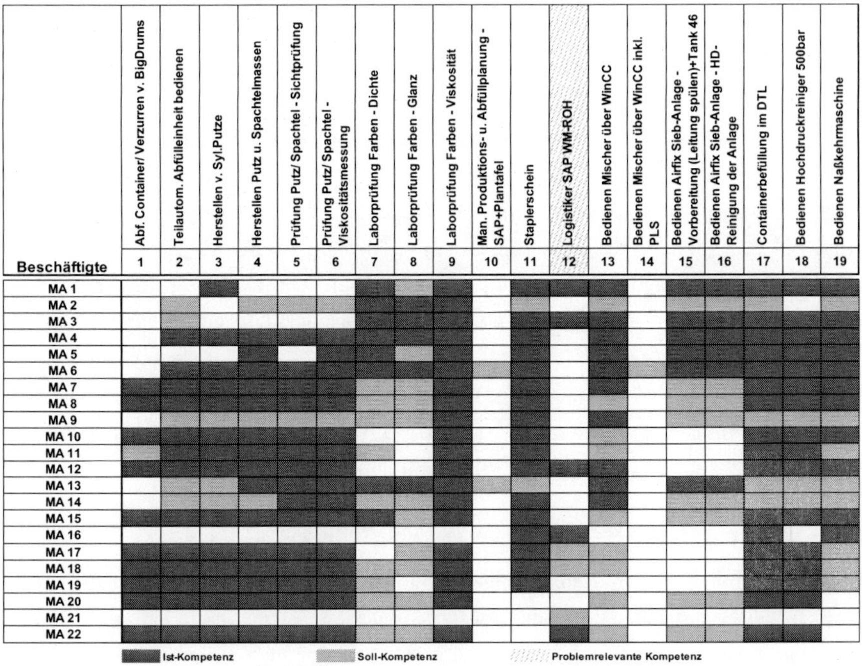

Abbildung 47: Erweiterte Qualifikationsmatrix der Abteilung Rohstofflager

ERGEBNISSE			
	Problemlöser		Lerner
1	MA 1	&	MA 17
2	MA 1	&	MA 18
3	MA 1	&	MA 21
4	MA 3	&	MA 17
5	MA 3	&	MA 18
6	MA 3	&	MA 21
7	MA 12	&	MA 17
8	MA 12	&	MA 18
9	MA 12	&	MA 21
10	MA 16	&	MA 17

Abbildung 48: Ergebnisse der Methode zu Fallstudie 1b

Die zuständige Führungskraft hat sich intuitiv für MA 12 und MA 22 als Problemlöser sowie MA 21 als Lerner entschieden.

6.2.2.3 Bewertung der Zielerreichung

Die digitale Applikation, bzw. die Methode, liefert mehr als zehn mögliche Teamzusammensetzungen mit jeweils einem Problemlöser und einem Lerner. Dabei zeigt ein Blick auf die erweiterte Qualifikationsmatrix, dass fünf Personen die Kompetenz besitzen und drei Personen diese entwickeln sollen, d. h. die in Abbildung 48 dargestellten zehn Ergebnisse sind nicht vollständig, sondern lediglich ein Ausschnitt. Vergleicht man diese mit der von der Führungskraft gewählten Zusammenstellung, so kann festgestellt werden, dass die Kombination aus MA 12 als Problemlöser und MA 21 als Lerner dem Ergebnis 9 der Methode entspricht. Hier hat die Führungskraft jedoch entschieden zusätzlich noch einen weiteren Problemlöser hinzuzunehmen (MA 22). Aus Sicht der Methode wäre das nicht notwendig gewesen, steht jedoch der Führungskraft frei. Auch für Fallstudie 1b liefert die Methode in Form der digitalen Applikation eine Unterstützung für die Führungskraft bei der Entscheidungsfindung.

6.2.3 Experteninterview im Rahmen der Fallstudie 1

Das Experteninterview im Rahmen der Fallstudien in der Farb- und Lackbranche wurde mit der Projektassistenz der Produktionsleitung geführt. Der Experte hat umfassenden Einblick in laufende Umsetzungsprojekte im Bereich Produktion und Logistik und begleitet auch die Einführung von Problemlösezirkel in ausgewählten Bereichen.

Im Interview wurde der Experte nach der *Wirksamkeit der Methode* hinsichtlich des Ziels der systematischen Kompetenzentwicklung in der Produktion gefragt. Dies bestätigt er teilweise. Zum einen erkennt er einen wichtigen Beitrag zum Aufbau von Problemlösekompetenzen in den jeweiligen Domänen (u. a. Arbeitsplätze) an, weist jedoch darauf hin, dass es zum Erlangen der Domänenkompetenz weitere Aktivitäten braucht als die Lösung von Problemen in diesem Bereich [HERT17c].

> „Also systematische Kompetenzentwicklung definitiv ja, da ist ein Problemlösevorgehen, wie du es jetzt dargestellt hast aber nur ein Teil […].“ [HERT17c]

Bei der Frage nach der *Effizienz der Methode* bezüglich der systematischen Zuordnung von Problemen und Beschäftigten wird diese vom Experten positiv bestätigt. Hinsichtlich der *Zielgruppentauglichkeit der Methode* bestätigt der Experte die hohe Praktikabilität:

> „Ja, sinnvoll und praktikabel und vor allem auch […] leicht nachzuvollziehen, dadurch [kommt]wahrscheinlich auch die hohe Praktikabilität.“ [HERT17c]

Bei der Frage nach der *Integrierbarkeit der Methode* in die täglichen Abläufe in der Produktion wird dies vom Experten sehr positiv hervorgehoben. Das gilt insbesondere auch für die digitale Applikation:

> „Ja, definitiv. Also relativ unproblematisch, auch wenn die ein Problem haben […], das gelöst werden muss […]. Dann [kann man] das Lösungsteam am Rechner zusammenstellen und das am nächsten Tag […] an die Gruppe kommunizieren. Auf jeden Fall anwendbar.“ [HERT17c]

Zusammenfassend wird die entwickelte Methode positiv vom Experten bewertet. Diese soll auch zukünftig im Unternehmen zum Einsatz kommen und bei der Zusammenstellung der Problemlösungsteams unterstützen. Verbesserungsvorschläge des Experten werden in Abschnitt 6.5 beschrieben und diskutiert.

6.3 Fallstudien in einem Unternehmen der Werkzeugmaschinenbranche

Die Fallstudien im Bereich der Werkzeugmaschinenbranche finden in einem mittelständigen Zulieferunternehmen statt, welches mit ca. 700 Beschäftigten Komponenten an Werkzeugmaschinenhersteller liefert. Es gibt keine eigene Lean Abteilung und Methoden aus der schlanken Produktion werden situativ umgesetzt. Shopfloor Management ist in einigen Bereichen der Fertigung und Montage seit etwa einem Jahr im Einsatz. Die Studien umfassen die Fallstudien 2a und 2b sowie ein durchgeführtes Experteninterview zur Evaluierung der Wirksamkeit und Effizienz der Methode.

6.3.1 Fallstudie 2a – Problemzuweisung Gleitbuchsen außerhalb der Toleranz

6.3.1.1 Allgemeine Beschreibung der Problemzuweisung

Die in einigen Produkten verbauten Gleitbuchsen werden in der eigenen Zerspanung gefertigt und unterliegen hohen Toleranzanforderungen. Um diese Anforderungen zu erreichen, werden sie auf hochpräzisen Schleifmaschinen bearbeitet und nach einer Endkontrolle seitens der Abteilung Schleifen und Läppen der Qualitätssicherung übergeben. Dort werden die kritischen Maße der Gleitbuchsen erneut vermessen und in den letzten Monaten wurden wiederkehrend Maße außerhalb der zulässigen Toleranzen identifiziert.

Da somit jedes Mal Nacharbeit notwendig wird, kommt es zum Zeitverzug von Aufträgen. Da es außerdem in der Vergangenheit schon mehr als einmal aufgetreten ist, wurde das Problem als wichtig eingestuft. Das Problem liegt in der Abteilung Schleifen und

Läppen – Abbildung 49 zeigt die erweiterte Qualifikationsmatrix inkl. den kategorisierten Kompetenzen des Problems.

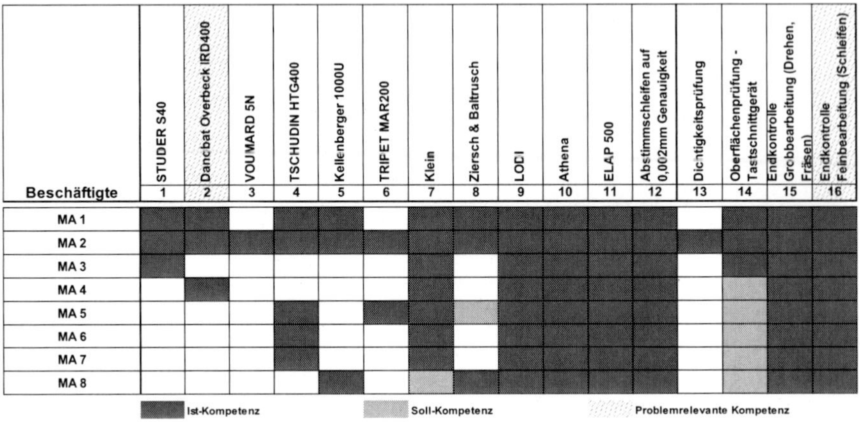

Abbildung 49: Erweiterte Qualifikationsmatrix der Abteilung Schleifen und Läppen

6.3.1.2 Überprüfung der Zielerreichung

Die Anwendung der digitalen Applikation zur Problemzuweisung auf das vorliegende Problem beinhaltet das Einlesen der erweiterten Qualifikationsmatrix und die Auswahl der kategorisierten Kompetenzen. Für das Problem der Gleitbuchsen außerhalb der Toleranz sind das:

- Danobat Overbeck IRD400
- Endkontrolle Feinbearbeitung (Schleifen)

Das Auslösen der Teamzusammenstellung generiert eine Fehlermeldung (vgl. Abbildung 50), so dass keine Ergebnisse ausgegeben werden können. Eine genauere Analyse der erweiterten Qualifikationsmatrix zeigt, dass es zwar genügend Beschäftigte mit vorhandenen Kompetenzen gibt (drei Beschäftigte besitzen die Kompetenz *Danobat Overbeck IRD400* und alle acht Beschäftigten besitzen die Kompetenz *Endkontrolle Feinbearbeitung (Schleifen)*), jedoch gibt es keine Personen, die diese Kompetenzen entwickeln sollen.

Die Führungskraft der Abteilung Schleifen und Läppen hat dem Problemlösungsteam die MA 1 und MA 2 zugewiesen. Beide besitzen die Kompetenzen bereits und werden als geeignet erachtet das Problem zu lösen. Jedoch liefert das Problem bzgl. der angestrebten Kompetenzentwicklung keinen Mehrwert.

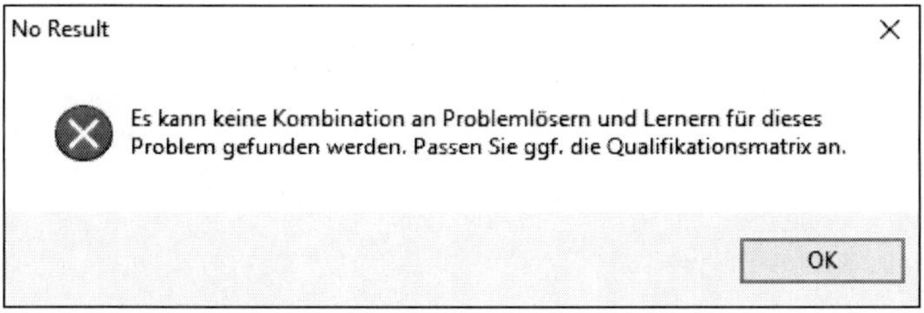

Abbildung 50: Fehlermeldung bei Anwendung der digitalen Applikation zu Fallstudie 2a

6.3.1.3 Bewertung der Zielerreichung

Die Methode liefert für Fallstudie 2a kein Ergebnis (vgl. Abbildung 50). Bei genauer Betrachtung der erweiterten Qualifikationsmatrix zeigt sich, dass es zwar drei Personen gibt, die beide Kompetenzen besitzen (MA 1, MA 2 und MA 4), jedoch niemand diese Kompetenzen entwickeln soll. Damit kann das Programm keine Lerner identifizieren und bricht entsprechend ab. Die Führungskraft hat für das Problem zwei Experten bestimmt (MA 1 und MA 2), jedoch niemanden als Lerner. Für solche Fälle ließe sich die digitale Applikation entsprechend anpassen: So weist eine Fehlermeldung darauf hin, dass keine Lerner identifiziert werden konnten, gäbe aber trotzdem Problemlöser aus.

6.3.2 Fallstudie 2b – Problemzuweisung Toleranzabweichung in der Gehäusefertigung

6.3.2.1 Allgemeine Beschreibung der Problemzuweisung

In einigen der hergestellten Produkte kommen Gehäuse für die beweglichen Teile (Rotoren) zum Einsatz. Da sich diese mit hoher Geschwindigkeit unter Last in den Gehäusen drehen, ist hier die Einhaltung der Fertigungstoleranzen wichtig. Beim Herstellprozess der Gehäuse kam es in der jüngeren Vergangenheit immer wieder zu Toleranzabweichungen im Bereich der beweglichen Teile, so dass daraufhin ein Problemlösezirkel gestartet werden sollte.

Da es durch die notwendige Nacharbeit immer wieder zu Zeitverzug von Aufträgen kommt und Produktionspläne durcheinander kommen, wurde das Problem als wichtig eingestuft. Außerdem ist es in der Vergangenheit schon häufiger aufgetreten. Das Problem liegt in der Abteilung Gehäusebau. Abbildung 51 zeigt die erweiterte Qualifikationsmatrix inkl. der kategorisierten Kompetenzen des Problems.

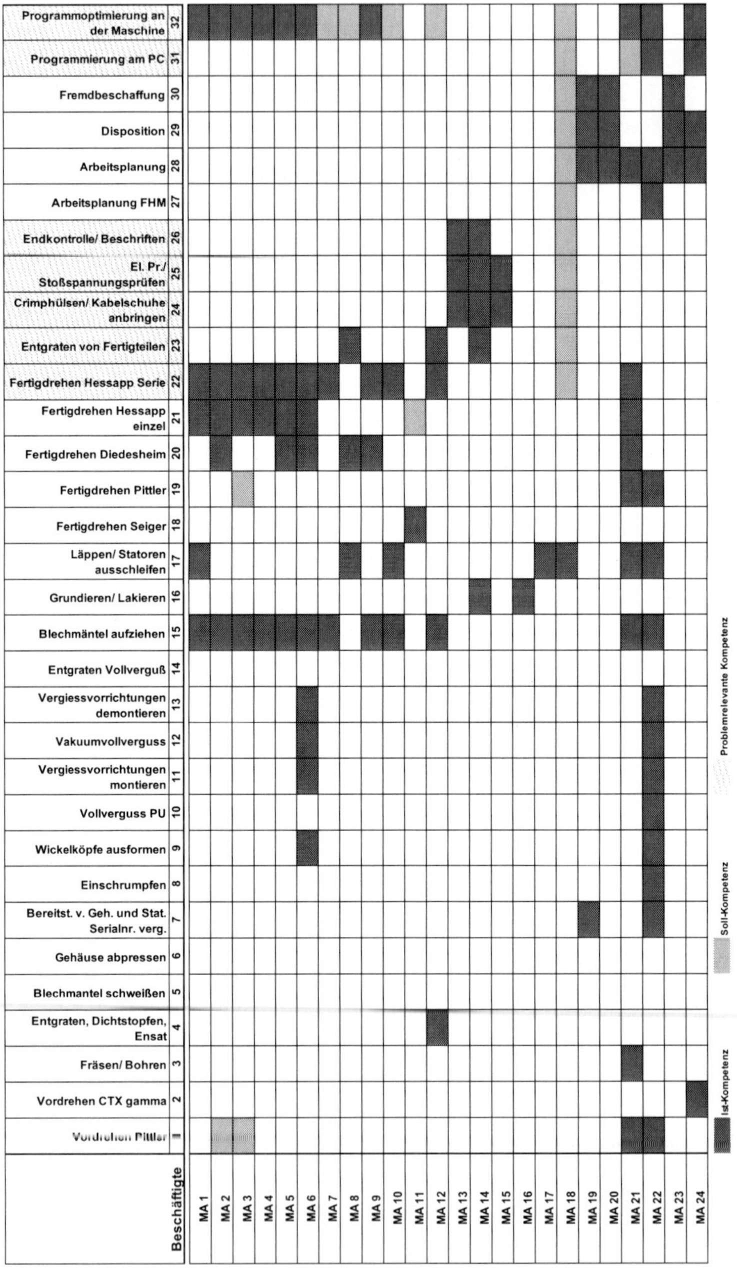

Abbildung 51: Erweiterte Qualifikationsmatrix der Abteilung Gehäusebau

6.3.2.2 Überprüfung der Zielerreichung

Bei der Anwendung der Methode in Form der digitalen Applikation zur Problemzuweisung auf das Problem wird die erweiterte Qualifikationsmatrix eingelesen. Zusätzlich dazu wird die Auswahl der kategorisierten Kompetenzen getroffen:

- Fertigdrehen Hessapp Serie
- Entgraten von Fertigteilen
- Crimphülsen/ Kabelschuhe anbringen
- Elektrische Prüfung/ Stoßspannungsprüfen
- Endkontrolle / Beschriften
- Programmierung am PC
- Programmoptimierung an der Maschine

Das Auslösen der Teamzusammenstellung generiert die Ergebnisaufstellung in Abbildung 52. Der Algorithmus konnte mehr als 20 Kombinationen finden, es werden jedoch nur die ersten zehn ausgegeben.

ERGEBNISSE			
	Problemlöser		Lerner
1	MA 1, MA 14, MA 22	&	MA 18
2	MA 1, MA 14, MA 24	&	MA 18
3	MA 2, MA 14, MA 22	&	MA 18
4	MA 2, MA 14, MA 24	&	MA 18
5	MA 3, MA 14, MA 22	&	MA 18
6	MA 3, MA 14, MA 24	&	MA 18
7	MA 4, MA 14, MA 22	&	MA 18
8	MA 4, MA 14, MA 24	&	MA 18
9	MA 5, MA 14, MA 22	&	MA 18
10	MA 5, MA 14, MA 24	&	MA 18

Abbildung 52: Ergebnisse der Methode zu Fallstudie 2b

Die zuständige Führungskraft hat sich intuitiv für MA 14, MA 21 und MA 24 als Problemlöser und MA 18 als Lerner entschieden.

6.3.2.3 Bewertung der Zielerreichung

Um das hier identifizierte und kategorisierte Problem zu lösen, findet die Methode 24 Kombinationen aus Problemlösern. Da es keine Priorisierung über Kostenfunktionen gibt, stellt die digitale Applikation die Möglichkeiten in der Reihenfolge dar, wie die Beschäftigten in der erweiterten Qualifikationsmatrix stehen. Die von der Führungskraft ausgewählte Kombination aus Problemlösern und Lerner hat auch die Methode identifiziert – auch wenn diese nicht unter den ersten zehn Ergebnissen steht. So lässt sich festhalten, dass mithilfe der Methode selbst – oder gerade vor allem – bei größeren Teams Ergebnisse in übersichtlicher Art und Weise vorgeschlagen werden. Die darüber hinaus vorgeschlagenen Kombinationen unterstützen die Führungskraft bei ihrer Entscheidungsfindung.

6.3.3 Experteninterview im Rahmen der Fallstudie 2

Das Experteninterview zu den Fallstudien in der Werkzeugmaschinenbranche wurde mit dem Abteilungsleiter Kleinteilefertigung geführt. Als Führungskraft für einen der Zerspanungsbereiche ist er in das tägliche Shopfloor Management involviert und mit den daraus identifizierten Problemen vertraut.

Im Zuge des Experteninterviews wird die *Wirksamkeit der Methode* hinsichtlich des Ziels der systematischen Kompetenzentwicklung in der Produktion vom Experten bestätigt:

> „Wirksames Vorgehen, auf jeden Fall. Sonst würde man das wahrscheinlich nicht auch intuitiv benutzen.“ [HERT17f]

Bei der Frage nach der *Effizienz der Methode* hinsichtlich der systematischen Zuordnung von Problemen und Beschäftigten bestätigt der Experte die Effizienz der Methode vor allem gegenüber den bisherigen Verfahren.

> „[…] da haben wir ein Problem: Wer könnte sich damit auskennen? Dann fragt man Leute und dann setzt man ein Team zusammen, usw. Also ich glaube das geht dann einfach viel zu lange, um ein Team zusammenzusetzen. Hierbei [bei der vorgestellten Methode – Anm. d. Verf.] ist das […] durchaus einfach machbar.“ [HERT17f]

Auch die Frage nach der *Zielgruppentauglichkeit der Methode* wird vom interviewten Experten positiv bestätigt:

> „Ja, auf jeden Fall. Wie gesagt, eigentlich löst man es ja auch heutzutage schon so. Allerdings ist es jetzt formulargestützt und aufgeschrieben […]“ [HERT17f]

Bei der Frage nach der *Integrierbarkeit der Methode* in die täglichen Abläufe der Produktion weist der Experte darauf hin, dass aktuell Problemzuweisungen vor allem mündlich während den Shopfloor Besprechungen geschehen. Ein systematisches Vorgehen und ein schriftliches Festhalten des Vorgangs werden als durchaus sinnvoll eingeschätzt:

> „Das ist wahrscheinlich auf jeden Fall sinnvoll, das Ganze dann auch noch einmal schriftlich festzuhalten und vielleicht auch diese einzelnen Schritte tatsächlich auch mal aufzuschreiben." [HERT17f]

Dabei wird jedoch die Anwendung einer digitalen Applikation im Rahmen von regelmäßigen Problemzuweisungen kritisch gesehen. Der interviewte Experte gibt an, die eigene Abteilung gut genug zu kennen, so dass er eine Programmunterstützung für nicht notwendig hält. Sollte das aber nicht der Fall sein, ist die Applikation als durchaus hilfreich einzustufen:

„[…] sollte man die Leute nicht kennen oder hat man eine gewisse Distanz zu den Leuten, die das Ganze ausführen oder Probleme lösen sollten, dann macht das auf jeden Fall Sinn." [HERT17f]

Zusammenfassend ist die entwickelte Methode durchweg positiv bewertet worden. Verbesserungsvorschläge und Anmerkungen des Experten werden in Abschnitt 6.5 vorgestellt.

6.4 Fallstudie in einem Unternehmen der Fertigungsmesstechnikbranche

Die dritte Fallstudie findet bei einer familiengeführten Unternehmensgruppe der Fertigungsmesstechnik statt. Weltweit hat der Konzern ca. 1800 Beschäftigte und liefert präzise Längenmesstechnik sowie Geräte zur Form- und Oberflächenmessung an Kunden. Es gibt keine eigene Lean-Abteilung, so dass Prozess- und Qualitätsaktivitäten über die Abteilung Produktionsplanung gelenkt werden. Shopfloor Management wird gerade in einigen Produktionsbereichen eingeführt. Da zum aktuellen Zeitpunkt noch keine Problemlösungszirkel gestartet worden sind, beschränkt sich diese Fallstudie auf ein Experteninterview zur Wirksamkeit und Effizienz sowie den Anforderungen der Methode.

Das Experteninterview mit einem Unternehmen der Fertigungsmesstechnikbranche wurde mit dem Leiter der Produktionsplanung geführt. Die Abteilung der Produktionsplanung begleitet die Shopfloor Management Einführung und unterstützt projektseitig den Bereich Produktion und Logistik.

Im Interview wurde der Experte zu der *Wirksamkeit der Methode* hinsichtlich des Ziels der systematischen Kompetenzentwicklung in der Produktion gefragt. Dabei wurde die Wirksamkeit positiv bestätigt mit dem Hinweis, dass fehlende Kompetenzen leicht identifiziert werden können und Maßnahmen zum Kompetenzaufbau ergriffen werden können.

> „[…] ich hab ein Team, das ich zusammenstelle, um das Problem zu lösen und wir merken, da fehlen noch Kompetenzen. [Die Methode unterstützt dabei – Anm. d. Verf.], dass man dies erkennt und auch dort weiterentwickelt […].“ [HERT17h]

Hinsichtlich der *Effizienz der Methode* bezüglich der systematischen Zuordnung von Problemen und Beschäftigten sieht der Experte dies als ein effizientes Vorgehen an [HERT17h]. Die Anforderung der *Zielgruppentauglichkeit der Methode* wird im Interview positiv bestätigt.

> „Wird auch schon so gelebt, […] vielleicht auch schon intuitiv, aber am Ende noch nicht ganz gezielt […].“ [HERT17h]

Lediglich bei der Anwendung der digitalen Applikation sieht der Experte Schwierigkeiten für größere Teams:

> „Das geht bis zu einem gewissen Grad. […] also wenn du 120, 150 Leute hast, dann wird das Tool schon schwieriger zu handeln […]“. [HERT17h]

Bei der Frage nach der *Integrierbarkeit der Methode* in die täglichen Abläufe in der Produktion hält der Experte diese für integrierbar und bestätigt auch die Absicht, diese in naher Zukunft im eigenen Unternehmen zu integrieren [HERT17h]. Dabei kann die digitale Applikation ein erster Schritt sein – zukünftig wird eine Integration in das bereits vorhandene QS-System angestrebt.

> „Ja, also wenn ich einen Mitarbeiterbereich habe, der sich auf 25 Leute bezieht, dann würde ich dieses Excel-Tool dort einsetzen.“ [HERT17h]

Zusammenfassend werden die entwickelte Methode sowie die zugehörige digitale Applikation sehr positiv gesehen. Der Experte deutet auch an, die Methode im eigenen Unternehmen einzusetzen, wenn es um die Zuweisung von Problemen und Beschäftigten geht. Lediglich bei größeren Teams sieht der Experte Einschränkungen bei der Nutzbarkeit der digitalen Applikation.

6.5 Ergebnisse der Evaluierung

6.5.1 Zusammenfassung der Evaluierung hinsichtlich Zielerreichung

Bei der Evaluierung der Methode hinsichtlich Zielerreichung kann diese als grundsätzlich gegeben festgestellt werden (siehe Fallstudien 1a, 1b und 2b in Tabelle 9). Fallstudie 2a zeigt, dass eine unzureichende Qualifizierungsstrategie – zu wenige/ keine Personen sind zur Kompetenzentwicklung vorgesehen – die Zielerreichung hemmen kann. Ist eine entsprechende Qualifizierungsstrategie vorhanden, zeigt die Methode in Form der digitalen Applikation erfolgreich Vorschläge und kann die Führungskraft bei der Problemzuweisung unterstützen.

Tabelle 9: Zusammenfassung Evaluierung der Zielerreichung

Fallstudie	Zielerreichung erfüllt?	Kommentar
1a: Falsche Etikettierung	Ja	Die Methode liefert drei mögliche Teamzusammenstellungen. Die Führungskraft hat sich intuitiv für eine dieser drei entschieden.
1b: Bestandsabweichung Rohstofflager	Ja	Die Methode schlägt diverse Kombinationen aus je einem Problemlöser und Lerner vor. Die Führungskraft hat sich für eine davon entschieden und darüber hinaus einen weiteren Experten hinzugezogen.
2a: Maße für Gleitbuchsen außerhalb des Toleranzbereichs	Nein	Die Methode in Form des Programms konnte hier keine Teamzusammenstellung vorschlagen, da der Qualifikationsplan keine Lerner vorsieht. Die Führungskraft hat sich stattdessen für zwei Experten entschieden.
2b: Toleranzabweichung in der Gehäusefertigung	Ja	Die Methode schlägt über zwanzig Kombinationen aus Problemlösern vor. Die Führungskraft hat sich intuitiv für eine davon entschieden.

Um den Anwendungsrahmen der Methode auch auf Bereiche mit sehr eingeschränkten Qualifizierungszielen auszuweiten, ist es denkbar auch unvollständige Teamzusammenstellungen auszugeben, d. h. beispielsweise nur Problemlöser ohne Lerner. Die Ergebnisdarstellung kann mit dem Hinweis ergänzt werden, dass die Teamzusammenstellung so nicht optimal ist bzw. Kompetenzziele zu prüfen und ggf. zu aktualisieren sind.

6.5.2 Zusammenfassung der Evaluierung hinsichtlich Wirksamkeit

Die Evaluierung der Wirksamkeit der Methode bezogen auf eine systematische Kompetenzentwicklung in der Produktion durch die Experteninterviews kommt zu einem überwiegend positiven Ergebnis (vgl. Tabelle 10). Dabei bewerteten zwei der drei Experten das methodische Vorgehen als uneingeschränkt wirksam und ein Experte als teilweise wirksam.

Tabelle 10: Zusammenfassung Evaluierung der Wirksamkeit

Experteninterview	Wirksamkeit erfüllt?	Kommentar
1c: Farb- und Lackbranche	Teilweise	Die Wirksamkeit der Methode zur systematischen Kompetenzentwicklung ist nur teilweise gegeben, da über Problemlöseaktivitäten hinaus noch weitere Maßnahmen notwendig sind, um sämtliche relevanten Kompetenzen zu erlangen.
2c: Werkzeugmaschinenbranche	Ja	Die Wirksamkeit der Methode wird bestätigt mit dem Hinweis, dass aktuell bereits intuitiv ähnlich vorgegangen wird.
3: Fertigungsmesstechnikbranche	Ja	Die Methode wird hinsichtlich ihrer Wirksamkeit positiv bewertet mit dem Hinweis, dass sie bei der Identifikation von Kompetenzlücken und deren Schließung unterstützt.

Der Hinweis, dass die systematische Zuweisung von Problemen und Beschäftigten nicht sämtliche Kompetenzlücken schließen wird, ist korrekt. Wie in Kapitel 2.3 beschrieben gibt es viele unterschiedliche Formen Kompetenzen zu entwickeln und die Kompetenzentwicklung durch Problemlösung stellt eine von vielen dar. So stoßen Beschäftigte im Alltag produzierender Betriebe unentwegt auf Probleme, so dass ein wirksames Vorgehen zur systematischen Kompetenzentwicklung durch Problemlösung einen wichtigen Beitrag liefert.

6.5.3 Zusammenfassung der Evaluierung hinsichtlich Effizienz

Die Effizienz von Methode und digitaler Applikation wird durchweg positiv bewertet (vgl. Tabelle 11). Dabei bestätigen alle befragten Experten, dass sich mithilfe der Methode die Teamzusammenstellung schnell und einfach durchführen lässt.

Tabelle 11: Zusammenfassung Evaluierung der Effizienz

Experteninterview	Methode effizient?	Kommentar
1c: Farb- und Lackbranche	Ja	Die Effizienz der Methode wird positiv bestätigt mit dem Hinweis, dass so auch eine effiziente Einbindung aller Beschäftigten erreicht werden kann.
2c: Werkzeugmaschinen-branche	Ja	Der Experte bestätigt die Effizienz der Methode und weist darauf hin, dass, wenn erst eine Qualifikationsmatrix vorliegt, eine Teamzusammenstellung einfach und schnell erfolgen kann.
3: Fertigungsmesstechnik-branche	Ja	Die Effizienz der Methode wird sehr positiv bewertet.

6.5.4 Evaluierung der Methode hinsichtlich weiterer Verbesserungsvorschläge

Abschließend werden in den Expertengesprächen vorgebrachte Verbesserungsvorschläge vorgestellt und diskutiert. Aufgrund der teilstrukturierten Interviewführung war es den befragten Experten möglich, jederzeit Anmerkungen, Hinweise und Verbesserungsvorschläge vorzubringen. Spätestens jedoch am Ende des Interviews wurde gefragt, ob den Experten etwas an der Methode oder der digitalen Applikation fehlt. Dabei kamen nur wenige Vorschläge bezogen auf die Methode, dafür einige konstruktive Verbesserungsvorschläge für die Umsetzung in Form des MICROSOFT EXCEL Programms.

Zur besseren Übersicht über durchgeführte Problemzuweisungen auch über einen längeren Zeitraum hinweg ist der Vorschlag geäußert worden, nach einer erfolgten Teamzuweisung die Ergebnisse in eine Datenbank ausschreiben zu lassen, um sie zu archivieren [HERT17c]. Es sollte kein Problem darstellen, diese Funktion in eine zukünftige Version des Programms zu implementieren.

Des Weiteren kam der Vorschlag auch über Beschäftigtenverfügbarkeiten priorisieren zu können. Das heißt, das Programm müsste in der Lage sein, auf die Anwesenheitszeiten der Teammitglieder zuzugreifen – seien es Dienstpläne oder Outlookkalender – und basierend darauf Teamzusammensetzungen zu priorisieren, die zeitnah mit dem Problemlösungszirkel starten können [HERT17f]. Das ist ein hervorragender Vorschlag zur Erweiterung der Priorisierungslogik, der jedoch in der aktuellen Programmversion schwierig zu implementieren ist. Hier stellt sich die Frage, ob eine Umsetzung in MICROSOFT EXCEL noch ausreichend ist oder es einer aufwändigeren Lösung bedarf.

Schließlich wurde angemerkt, dass die Umsetzung in MICROSOFT EXCEL für Führungskräfte mit mehreren Gruppen schnell unübersichtlich werden kann. Eine Umsetzung in Form einer Datenbank-getriebenen Applikation verspricht mehr Stabilität und Möglichkeiten [HERT17h]. Bei einer Neugestaltung der digitalen Applikation kann von vornherein eine datenbankgetriebene Programmarchitektur verfolgt werden.

Zusammenfassend lässt sich feststellen, dass die Methode und die Umsetzung als digitale Applikation in den meisten Fällen erfolgreich ihr Ziel erreicht und auch von den befragten Experten positiv bewertet wurde. Ausnahmslos alle Experten fragten nach dem Programm, um es bei sich im Unternehmen einsetzen zu können. Hierin äußert sich die gute Praxistauglichkeit des Ansatzes und der digitalen Applikation.

7 Zusammenfassung und Ausblick

7.1 Zusammenfassung

Shopfloor Management Systeme sind ein wichtiger Bestandteil moderner Produktionssysteme. Sie ermöglichen u. a. das systematische Erkennen von Abweichungen im Produktionsprozess sowie die Visualisierung der Produktionsprozessleistung mittels Kennzahlen. Dabei können Shopfloor Management Systeme auch genutzt werden, die Kompetenzentwicklung der Beschäftigten systematisch voranzutreiben und sie damit zu einem innovativen Führungsinstrument zu etablieren. Dies gelingt jedoch nur mithilfe eines Vorgehens, das Probleme des Produktionsprozesses und Beschäftigte in Form von Problemlösungsteams kompetenzorientiert zusammenbringt.

Daher war es Ziel der Arbeit, aufbauend auf dem entwickelten Shopfloor Management System-Modell, eine Methode zu entwickeln, die eine systematische Zuordnung von Problemen zu bestimmten Problemlösungsteams ermöglicht. Im Rahmen dieser Methode sollten identifizierte Probleme priorisiert, kategorisiert und anschließend einem Problemlösungsteam zugeordnet werden. Dieses Problemlösungsteam besteht dabei aus Beschäftigten, die die Kompetenzen besitzen, um das Problem zu lösen und aus Beschäftigten, die in dem entsprechenden Bereich Kompetenzen aufbauen sollen.

Im Stand der Forschung zu Shopfloor Management werden bereits bestehende Ansätze zur Beschreibung von Shopfloor Management Systemen vorgestellt. Diese, meist aus der Praxis stammenden Ansätze, fokussieren sich besonders auf das Visualisieren der Produktionsprozessleistung durch Kennzahlen, das Führen am Ort der Wertschöpfung durch regelmäßige Meetings und Coaching, sowie das Erkennen von Abweichungen im Produktionsprozess und die Definition von Abstellmaßnahmen (vgl. Kapitel 2.1-2.2). Bestehende Forschungsarbeiten zur beruflichen Kompetenzentwicklung zeigen auf, wie arbeitsintegriert Kompetenzen der Beschäftigten, insbesondere Fach- und Methodenkompetenzen, entwickelt werden können. Dabei ist das Lösen realer Probleme im Arbeitsalltag eine hervorragende Möglichkeit diese Kompetenzen zu entwickeln (vgl. Kapitel 2.3).

Beim abschließenden Aufzeigen bestehender Gestaltungsansätze zu Shopfloor Management Systemen wird die fehlende Adressierung der Kompetenzentwicklung von Beschäftigten in der Produktion als Forschungsdesiderat identifiziert. Darüber hinaus fehlt es an einer systematischen Beschreibung von Shopfloor Management Systemen in Form eines Beschreibungsmodells, um das zu entwickelnde Vorgehen zur zielgerichteten, systematischen Kompetenzentwicklung in Shopfloor Management Systeme integrieren zu können (vgl. Kapitel 2.4).

Die vorliegende Arbeit greift diese Lücke auf und formuliert Forschungsziele an die zu entwickelnde Methode und das Modell. Dabei werden Anforderungen an Modell und Methode für eine spätere Evaluierung aufgestellt. Weiterhin werden in einer Forschungskonzeption Anwendungsbereiche und Systemgrenzen der Methode identifiziert und mit vorliegenden Forschungsprämissen verknüpft (vgl. Kapitel 3).

Daraufhin wurde zur Beschreibung der Ziele, Elemente und Abläufe eines Shopfloor Management Systems ein Beschreibungsmodell entworfen, welches insbesondere auch die begleitende Kompetenzentwicklung aufzeigt. Experten unterschiedlichen Branchen bestätigten das Modell in 14 Interviews hinsichtlich Zweckmäßigkeit, Praxistauglichkeit sowie Zielgruppeneignung (vgl. Kapitel 4). Insoweit geht das hier entwickelte Beschreibungsmodell an Tiefe und Breite über den bisherigen Stand der Forschung hinaus.

Aufbauend auf den Erkenntnissen aus dem Beschreibungsmodell und dessen Validierung wurde die Methode zur systematischen Zuordnung von Problemen als ein integraler Bestandteil des Shopfloor Management entwickelt. Die Methode ermöglicht die Priorisierung und Kategorisierung von identifizierten Problemen, um sie anschließend – bezogen auf die jeweiligen vorhandenen und anvisierten Kompetenzen – geeigneten Beschäftigten zuzuordnen. Die Zuordnung der Probleme und Beschäftigten basiert auf einer Modifizierung des Mengenüberdeckungsproblems und lässt sich durch unternehmensspezifische Kostenfunktionen an verschiedene Anforderungen anpassen. Dabei werden einem Problemlösungsteam nicht nur Personen zugeordnet, die die benötigten Kompetenzen bereits besitzen, sondern auch Personen, die diese Kompetenzen in naher Zukunft aufbauen sollen (z. B. Auszubildende, Trainees). Dies ermöglicht neben der Festigung von Problemlösungskompetenzen ebenfalls den Aufbau von Fach- und Methodenkompetenzen. Die entwickelte Methode wurde zur besseren Anwendbarkeit in ein MICROSOFT EXCEL Programm überführt (vgl. Kapitel 5).

Schließlich wurde die Methode hinsichtlich den Kriterien Zielerreichung, Wirksamkeit und Effizienz sowie den Anforderungen Anwendbarkeit, Zielgruppentauglichkeit und Integrierbarkeit in die täglichen Abläufe evaluiert. Das methodische Vorgehen der Evaluierung entspricht einer Triangulation aus Zielerreichungsüberprüfung und Experteninterviews. Dabei wurde sowohl die Methode als auch die Umsetzung in Form einer digitalen Applikation durchweg positiv bewertet. Die Überprüfung der Zielerreichung ergab in drei von vier Fallstudien einen positiven Befund und lässt sich in der einen Fallstudie auf eine unzureichende Qualifizierungsstrategie zurückführen. Insgesamt bewerteten die befragten Experten die Methode und die digitale Applikation überwiegend positiv.

Abschließend kann festgestellt werden, dass die vorliegende Arbeit einen wichtigen Beitrag zur anwendungsnahen Forschung im Bereich der Produktionsorganisation liefert. Aufbauend auf dem entwickelten Shopfloor Management Modell konnte erfolgreich eine Methode zur systematischen Zuordnung von Problemen und Beschäftigten entwickelt werden. Sowohl das entwickelte Modell, als auch die Methode besitzen für produzierende Unternehmen ein großes Potential zur Steigerung der Wettbewerbsfähigkeit. Unternehmen, welche ein Shopfloor Management System einführen wollen oder ein schon vorhandenes Shopfloor Management System überarbeiten wollen, können mithilfe des Modells Handlungsfelder für ein ganzheitliches Shopfloor Management ableiten. Unternehmen, die bereits ein gut funktionierendes Shopfloor Management System im Einsatz haben, können die entwickelte Methode nutzen, um einen Beitrag zur Kompetenzentwicklung der Belegschaft zu leisten und die betrieblichen Prozesse durch Problemlösung zu verbessern. Sowohl das Modell, als auch die Methode und deren Umsetzung in Form einer digitalen Applikation wurden von Experten aus der Industrie positiv evaluiert.

7.2 Ausblick

Die positiven Ergebnisse der Evaluation fordern dazu auf, weitere Potentiale des Modells und der Methode zu erforschen. Um bzgl. der Wirksamkeit der Methode weitere Erkenntnisse zu erlangen, sollten die Zusammenhänge zwischen der systematischen Problemzuweisung und einer etwaigen Kompetenzsteigerung untersucht werden. Hierzu benötigt es weiterer Fallstudien über einen zeitlich ausgedehnten Zeitraum von mindestens sechs Monaten, die gegen eine Kontrollgruppe verglichen werden.

Des Weiteren kann die Anwendbarkeit von Modell und Methode in weiteren Anwendungsbereichen überprüft werden. Eine Anpassung auf weitere Branchen oder Unternehmensbereiche ist denkbar und würde sowohl das Modell, als auch die Methode auf eine breitere Basis stellen.

Schließlich gilt es die Einflüsse der fortschreitenden Digitalisierung auf das entwickelte Modell und die Methode zu untersuchen. Dabei gilt es zu klären, welche Anpassungen am Modell notwendig sind, um auch für digitale Shopfloor Management Systeme noch

Gültigkeit zu besitzen. Genauso kann untersucht werden, wie mithilfe der Digitalisierung die Methode effektiver und effizienter gestaltet werden kann.

Somit wären die Grundlagen gelegt, Shopfloor Management nicht nur zu einem Führungsinstrument der Produktionssteuerung, sondern der ganzheitlichen Unternehmenssteuerung zu entwickeln.

8 Literaturverzeichnis

[ABEL07] Abele, E.; Eichhorn, N.; Brungs, F.: Mitarbeiterqualifikation in einer realen Produktionsumgebung. In Zeitschrift f. wirtsch. Fabrikbetrieb, 2007, 102; S. 741–745.

[ABEL10a] Abele, E.; Tenberg, R.; Wennemer, J.; Cachay, J.: Kompetenzentwicklung in Lernfabriken für die Produktion. In Zeitschrift f. wirtsch. Fabrikbetrieb, 2010, 105; S. 909–913.

[ABEL10b] Abele, E.; Wolff, M.; Bechtloff, S.: Effektive Problemlsungsprozesse als Schlüssel zur Null-Fehler-Fertigung. In Productivity Management, 2010, 15; S. 40–42.

[ABEL11a] Abele, E.; Cachay, J.; Wennemer, J.: Kompetenzentwicklung und Führung bei Verbesserungsprozessen in schlanken Produktionssystemen. In Industrie Management, 2011, 27; S. 14–18.

[ABEL11b] Abele, E.; Brungs, F.; Cachay, J.: KVP auf breiter Basis. Reaktive und proaktive Produktionsoptimierung durch tägliche Verbesserungsroutinen. In VDI-Z, 2011, 153; S. 68–70.

[ABEL11c] Abele, E.; Bechtloff, S.; Wolff, M.: Transparenz in der Fertigung durch Visualisierung. In Zeitschrift f. wirtsch. Fabrikbetrieb, 2011, 106; S. 41–45.

[ABEL11d] Abele, E.; Reinhart, G.: Zukunft der Produktion. Herausforderungen, Forschungsfelder, Chancen. Carl Hanser Fachbuchverlag, s.l., 2011.

[ABEL13] Abel, M.; Czajkowski, S.; Faatz, L.; Metternich, J.; Tenberg, R.: Kompetenzorientiertes Curriculum für Lernfabriken. In Werkstatttechnik online, 2013, 103; S. 240–245.

[ABEL15] Abele, E.; Metternich, J.; Tisch, M.; Chryssolouris, G.; Sihn, W.; ElMaraghy, H.; Hummel, V.; Ranz, F.: Learning Factories for Research, Education, and Training. In Procedia CIRP, 2015, 32; S. 1–6.

[ABEL17] Abele, E.; Chryssolouris, G.; Sihn, W.; Metternich, J.; ElMaraghy, H.; Seliger, G.; Sivard, G.; ElMaraghy, W.; Hummel, V.; Tisch, M.; Seifermann, S.: Learning Factories for future oriented research and education in manufacturing. In CIRP Annals - Manufacturing Technology, 2017, 66; S. 803–826.

[ADAM02] Adamski, M.: Kompetenzentwicklung 2002. Auf dem Weg zu einer neuen Lernkultur. Waxmann Verlag, Münster, 2002.

[ADER05] Aderhold, J.: Modernes Netzwerkmanagement. Anforderungen - Methoden - Anwendungsfelder. Gabler Verlag, Wiesbaden, 2005.

[ALLW15] Allweyer, T.: BPMN 2.0 - Business Process Model and Notation. Einführung in den Standard für die Geschäftsprozessmodellierung. BOD - Books on Demand, Norderstedt, 2015.

[ASDO15] Asdonk, M.: Modell zur Darstellung der Schlüsselelemente und Mechanismen eines Führungssystems Shop Floor. Dissertation, Chemnitz, 2015.

[ATTR13] Attri, R.; Grover, S.; Dev, N.; Kumar, D.: An ISM approach for modelling the enablers in the implementation of Total Productive Maintenance (TPM). In International Journal of System Assurance Engineering and Management, 2013, 4; S. 313–326.

[AULI07] Aulinger, G.; Klesius, J.; Mittelhuber, B.; Rother, M.; Winkler, R.: Ohne Führung kein KVP. Erfahrungen und Erkenntnisse von Toyota-Forschern und Lean-Spezialisten. In Management Circle AG, 2007.

[BAUE15] Bauer, H. P.; Enderle, I.: Karriere durch Fachschulen für Betriebswirtschaft. Langzeituntersuchung zur beruflichen Entwicklung der Absolventen. Springer Gabler, Wiesbaden Germany, 2015.

[BECK06] Becker, H.: Phänomen Toyota. Erfolgsfaktor Ethik. Springer-Verlag Berlin Heidelberg, Berlin Heidelberg, 2006.

[BERT13] Berthel, J.; Becker, F. G.: Personal-Management. Grundzüge für Konzeptionen betrieblicher Personalarbeit. Schäffer-Poeschel, Stuttgart, 2013.

[BESS01] Bessant, J.; Caffyn, S.; Gallagher, M.: An evolutionary model of continuous improvement behaviour. In Technovation, 2001, 21; S. 67–77.

[BOCH83] Bocheński, I. M. J.; Menne, A.: Grundriß der formalen Logik. Schöningh, Paderborn, 1983.

[BONZ08] Bonz, B.; Gidion, G. Hrsg.: Institutionen der beruflichen Bildung. Neue Herausforderungen in der Diskussion. Schneider Hohengehren, 2008.

[BOUR71] Bourne, L. E.; Ekstrand, B. R.; Dominowski, R. L.: The psychology of thinking. Prentice-Hall, Englewood Cliffs, NJ, 1971.

[BREI97] Breiing, A.; Knosala, R.: Bewerten technischer Systeme. Theoretische und methodische Grundlagen bewertungstechnischer Entscheidungshilfen. Springer, Berlin, 1997.

[BRÖC12] Bröckermann, R.: Personalwirtschaft. Lehr- und Übungsbuch für Human Resource Management. Schäffer-Poeschel Verlag, Stuttgart, 2012.

[BRUD13] Bruder, R.: Zukunft der Gestaltung menschengerechter Arbeitssysteme. In (Stock-Homburg, R. Hrsg.): Handbuch Strategisches Personalmanagement. Springer Fachmedien, Wiesbaden, 2013; S. 631–649.

[BRUN08] Brunner, F. J.: Japanische Erfolgskonzepte. KAIZEN, KVP, Lean Production Management, Total Productive Maintenance, Shopfloor Management, Toyota Production Management. Carl Hanser Verlag, Wien, 2008.

[BULL09] Bullinger, H. J.; Spath, D.; Warnecke, H. J.; Westkämper, E.: Handbuch Unternehmensorganisation. Strategien, Planung, Umsetzung. Springer, Berlin, 2009.

[CACH12] Cachay, J.; Abele, E.: Developing Competencies for Continuous Improvement Processes on the Shop Floor through Learning Factories – Conceptual Design and Empirical Validation. In Procedia CIRP, 2012; S. 638–643.

[CACH13] Cachay, J.: Methode zur kompetenzorientierten Gestaltung und nachhaltigen Verankerung von proaktiven Verbesserungsprozessen in der Produktion. Dissertation, Darmstadt, 2013.

[CEN/04] CEN/ISSS: Europäischer Leitfaden zur erfolgreichen Praxis im Wissensmanagement, 2004.

[CENT10] Center für industrielle Produktivität: Kennzahlen und Visualisierung für den Shopfloor, Darmstadt, 2010.

[CHOM67] Chomsky, N.: Aspects of the theory of syntax. M.I.T. Press, Cambridge, 1967.

[CHRY13] Chryssolouris, G.; Mavrikios, D.; Mourtzis, D.: Manufacturing Systems. Skills & Competencies for the Future. In Procedia CIRP, 2013, 7; S. 17–24.

[CHUR71] Churchman, C. W.: Einführung in die Systemanalyse. Verl. Moderne Industrie, München, 1971.

[CORS16] Corsten, H.; Gössinger, R.: Produktionswirtschaft. Einführung in das industrielle Produktionsmanagement. De Gruyter Oldenbourg, Berlin, 2016.

[DEHN08] Dehnbostel, P.: Learning in work processes. Competence development. In Handbook of Technical and Vocational Education and Training Research, 2008; S. 444–453.

[DEHN93] Dehnbostel, P.: Lernen im Arbeitsprozeß und neue Lernortkombinationen. In (Bundesinstitut für Berufsbildung Hrsg.): Umsetzung neuer Qualifikationen in die Berufsbildungspraxis. Entwicklungstendenzen und Lösungswege. Bildung und Wissen, Nürnberg, 1993; S. 163–168.

[DEHN96] Dehnbostel, P.: Neue Lernorte und Lernortkombinationen - Erfahrungen und Erkenntnisse aus dezentralen Berufsbildungskonzepten. Bertelsmann, Bielefeld, 1996.

[DEMI82] Deming, E. W.: Out of crisis. Massachusetts Institute of Technology, Cambridge, Mass., 1982.

[DEPP92] Deppe, J.: Quality Circle und Lernstatt. Ein integrativer Ansatz. Gabler Verlag, Wiesbaden, s.l., 1992.

[DIEZ15] Diez, J. V.; Ordieres-Mere, J.; Nuber, G.: The HOSHIN KANRI TREE. Cross-plant Lean Shopfloor Management. In Procedia CIRP, 2015, 32; S. 150–155.

[DOMB06] Dombrowski, U.; Palluck, M.; Schmidt, S.: Strukturelle Analyse Ganzheitlicher Produktionssysteme. In Zeitschrift f. wirtsch. Fabrikbetrieb, 2006, 101; S. 114–118.

[DOMB12] Dombrowski, U.; Mielke, T.: Lean Leadership – Nachhaltige Führung in Ganzheitlichen Produktionssystemen. In Zeitschrift f. wirtsch. Fabrikbetrieb, 2012, 107; S. 697–701.

[DOMB14] Dombrowski, U.; Belz, T.; Jäger, F.: Shopfloor Management im Regelkreis der GPS-Implementierung. Mit durchgängigen und standardisierten Kennzahlensystemen das Lean Leadership unterstützen. In Zeitschrift f. wirtsch. Fabrikbetrieb, 2014, 109; S. 20–25.

[DOMB15a] Dombrowski, U.; Jäger, F.; Belz, T.: Einführung Ganzheitlicher Produktionssysteme. Initiale Methodenauswahl und Implementierungssequenzierung – Ein Praxisbericht. In Zeitschrift f. wirtsch. Fabrikbetrieb, 2015, 110; S. 201–204.

[DOMB15b] Dombrowski, U.; Mielke, T.: Ganzheitliche Produktionssysteme. Springer Berlin Heidelberg, Berlin, Heidelberg, 2015.

[DÖRN87] Dörner, D.: Problemlösen als Informationsverarbeitung. Kohlhammer, Stuttgart, 1987.

[DREW04] Drew, J.; McCallum, B.; Roggenhofer, S.: Journey to lean. Making operational change stick. Palgrave Macmillan, Basingstoke u.a, 2004.

[DRUC54] Drucker, P. F.: The practice of management. Harper & Brothers, New York, 1954.

[DYCK07] Dyckhoff, H.; Spengler, T. S.: Produktionswirtschaft. Eine Einführung für Wirtschaftsingenieure. Springer, Berlin, Heidelberg, 2007.

[EDWA07] Edwards, J. R.; Shipp, A. J.: The Relationship between Person-Environment-Fit and Outcomes. An Integrative Theoretical Framework. In (Ostroff, C.; Judge, T. A. Hrsg.): Perspectives on Organisazional Fit. Lawrence Erlbaum Associates, New York, 2007; S. 209–258.

[ERPE05] Erpenbeck, J.; Rosenstiel, L.: Kompetenz: Modische Worthülse oder innovatives Konzept? In Wirtschaftspsychologie aktuell, 2005; S. 39–42.

[ERPE07] Erpenbeck, J. Hrsg.: Handbuch Kompetenzmessung. Erkennen, verstehen und bewerten von Kompetenzen in der betrieblichen, pädagogischen und psychologischen Praxis. Schäffer-Poeschel, Stuttgart, 2007.

[FAUS01] Faust, M.; Holm, R.: Formalisierte Weiterbildung und informelles Lernen. In QUEM-Report, Schrifte, 2001; S. 67–108.

[FAUS09] Faust, P.: Zweite Lean-Welle – die sieben Thesen. In Zeitschrift f. wirtsch. Fabrikbetrieb, 2009, 104; S. 157–163.

[FISC13] Fischermanns, G.: Praxishandbuch Prozessmanagement. Das Standardwerk auf Basis des BPM Framework. Schmidt, Gießen, 2013.

[FISC15] Fischer, H.: Organisation von Wissen. In Zeitschrift f. wirtsch. Fabrikbetrieb, 2015, 110; S. 331–339.

[FLIC08a] Flick, U.; Kardorff, E. v.; Steinke, I.: Qualitative Forschung. Ein Handbuch. Rowohlt-Taschenbuch-Verl., Reinbek bei Hamburg, 2008.

[FLIC08b] Flick, U.: Triangulation. Eine Einführung. VS Verlag für Sozialwissenschaften / GWV Fachverlage GmbH Wiesbaden, Wiesbaden, 2008.

[FREU14] Freund, J.; Rücker, B.: Praxishandbuch BPMN 2.0. Hanser, München, 2014.

[FRIE93] Friede, C.K.; Sonntag, K.; Achtenhagen, F. Hrsg.: Berufliche Kompetenz durch Training. Mit Tabellen. Sauer, Heidelberg, 1993.

[FULL09] Fullerton, R.; Kennedy, F. A.: Modeling a Management Accounting System for Lean Manufacturing Firms, 2009.

[GAIT10] Gaitzsch, T.; Ziegler, V.: Shop Floor Empowerment – KVP-Implementierung in Schichtteams. In (Moscho, A.; Richter, A. Hrsg.): Inhouse-Consulting in Deutschland. Gabler, 2010; S. 169–190.

[GARE09] Garey, M. R.; Johnson, D. S.: Computers and intractability. A guide to the theory of NP-completeness. Freeman, New York u.a, ca. 2009.

[GLAD14] Gladen, W.: Performance Measurement. Springer Fachmedien Wiesbaden, Wiesbaden, 2014.

[GRAM13] Gramlich, S.: Vom fertigungsgerechten Konstruieren zum produktionsintegrierenden Entwickeln. Durchgängige Modelle und Methoden im Produktlebenszyklus. VDI-Verl., Düsseldorf, 2013.

[GROS74] Grosse-Oetringhaus, W. F.: Fertigungstypologie unter dem Gesichtspunkt der Fertigungsablaufplanung. Duncker und Humblot, Berlin, 1974.

[GRUB00] Gruber, H.; Mandl, H.; Renkl, A.: Was lernen wir in Schule und Hochschule: Träges Wissen? In (Mandl, H.; Gerstenmaier, J. Hrsg.): Die Kluft zwischen Wissen und Handeln. Empirische und theoretische Lösungsansätze. Hogrefe Verlag für Psychologie, Göttingen, 2000.

[GRUN08] Grundmann, T.: Ein anwendungsorientiertes System für das Management von Produkt- und Prozessrisiken. Zugl.: Aachen, Techn. Hochsch., Diss., 2008. Apprimus-Verl., Aachen, 2008.

[GRUN13] Grundnig, A.; Meitinger, S.: Führung ist nicht alles – aber ohne Führung ist alles nichts. In Zeitschrift f. wirtsch. Fabrikbetrieb, 2013, 108; S. 133–136.

[GRÜN98] Grünewald, U.: Formen arbeitsintegrierten Lernens. Möglichkeiten und Grenzen der Erfassbarkeit informeller Formen der betrieblichen Weiterbildung. Arbeitsgemeinschaft QUEM, Geschäftsstelle der Arbeitsgemeinschaft Betriebliche Weiterbildungsforschung, Berlin, 1998.

[GRÜN99] Grünwald, M.: Selbstorganisation im Beruf. Kreativ und effizient. Humboldt-Taschenbuchverl. Jacobi, München, 1999.

[GÜNT14] Günther, O.; Geiselhardt, S. F.; Griese, C.: Fähigkeiten entwickeln, Potenziale ausschöpfen. Leistungsverbesserung in Kernarbeitsprozessen. In Zeitschrift f. wirtsch. Fabrikbetrieb, 2014, 109; S. 201–204.

[HACK73] Hacker, W.: Allgemeine Arbeits- und Ingenieurpsychologie. Psychische Struktur und Regulation von Arbeitstätigkeiten. Dt. Verl. der Wiss, Berlin, 1973.

[HAHN13] Hahnenkamp, N.: The Process Model for Shop Floor Management Implementation. In Advances in Industrial Engineering and Management, 2013; S. 40–46.

[HAMA13] Haman, M. K.: Rollen & Verantwortlichkeiten in der Produktion. Produktionsmanagement für Führungskräfte. Books on Demand, Norderstedt, 2013.

[HÄUS04] Häuslein, A.: Systemanalyse. Grundlagen, Techniken, Notierungen. VDE-Verl., Berlin, 2004.

[HECH06] Hechenleitner, A.; Schwarzkopf, K.: Kompetenz … mehr als nur Wissen. http://www.kompas.bayern.de/userfiles/infokompetenz.pdf, 18.05.2017.

[HEIN13] Heinen, T.: Shopfloor-Management hilft uns, die Fabrik auf Topniveau zu betreiben, Garbsen, 2013.

[HERT15a] Hertle, C.: Interview 8 zu den Voraussetzungen und Handlungsfelder des Shopfloor Management Modells. Antriebs- und Steuerungstechnikbranche, 2015.

[HERT15b] Hertle, C.: Interview 11 zu den Voraussetzungen und Handlungsfelder des Shopfloor Management Modells. Großdieselmotoren und -antriebs Branche, 2015.

[HERT15c] Hertle, C.: Interview 10 zu den Voraussetzungen und Handlungsfelder des Shopfloor Management Modells. Werkzeugmaschinenbranche, 2015.

[HERT15d] Hertle, C.: Interview 9 zu den Voraussetzungen und Handlungsfelder des Shopfloor Management Modells. Steuerungs- und Automatisierungsbranche, 2015.

[HERT16] Hertle, C.; Tisch, M.; Kläs, H.; Metternich, J.; Abele, E.: Recording Shop Floor Management Competencies – A Guideline for a Systematic Competency Gap Analysis. In Procedia CIRP, 2016, 57; S. 625–630.

[HERT17a] Hertle, C.; Hambach, J.; Meißner, A.; Rossmann, S.; Metternich, J.; Rieger, J.: Digitales Shopfloor Management Neue Impulse für die Verbesserung in der Werkstatt. In Productivity Management, 2017; S. 59–61.

[HERT17b] Hertle, C.: Interview 12 zu der Prozessbeschreibung des Shopfloor Management Modells. Fertigungsmesstechnikbranche, 2017.

[HERT17c] Hertle, C.: Interview zu Fallstudien 1 im Rahmen der Evaluierung der Methode. Farb- und Lackbranche, 2017.

[HERT17d] Hertle, C.; Tisch, M.; Metternich, J.; Abele, E.: Das Darmstädter Shopfloor Management-Modell. In Zeitschrift f. wirtsch. Fabrikbetrieb, 2017, 112; S. 118–121.

[HERT17e] Hertle, C.; Resch, T.: Methode zur systematischen Zuordnung von Problemen. Ideenpapier, Darmstadt, 2017.

[HERT17f] Hertle, C.: Interview zu Fallstudien 2 im Rahmen der Evaluierung der Methode. Werkzeugmaschinenbranche, 2017.

[HERT17g] Hertle, C.: Interview 13 zu der Prozessbeschreibung des Shopfloor Management Modells. Farben- und Lackbranche, 2017.

[HERT17h] Hertle, C.: Interview zu Fallstudien 3 im Rahmen der Evaluierung der Methode. Fertigungsmesstechnikbranche, 2017.

[HERT17i] Hertle, C.: Interview 14 zu der Prozessbeschreibung des Shopfloor Management Modells. Werkzeugmaschinenbranche, 2017.

[HEYS10] Heyse, V.; Erpenbeck, J.: Kompetenztraining. Informations- und Trainingsprogramme. Schäffer-Poeschel, Stuttgart, 2010.

[HÖLZ14] Hölzl, H.: Eine bunte Truppe führen. In Personalwirtschaft, 2014; S. 45–47.

[HROM11] Hromkovič, J.: Theoretische Informatik. Formale Sprachen, Berechenbarkeit, Komplexitätstheorie,Algorithmik, Kommunikation und Kryptographie. Vieweg+Teubner, Wiesbaden, 2011.

[HUMM11] Hummel, T.; Malorny, C.: Total Quality Management. Tipps für die Einführung. Carl Hanser Fachbuchverlag, s.l., 2011.

[HUNG11] Hungenberg, H.; Wulf, T.: Grundlagen der Unternehmensführung. Springer Berlin Heidelberg, Berlin, Heidelberg, 2011.

[HUNG12] Hungenberg, H.: Strategisches Management in Unternehmen. Ziele - Prozesse - Verfahren. Imprint: Springer Gabler, Wiesbaden, 2012.

[HURT13] Hurtz, A.; Stolz, M.: Shop-Floor-Management. Wirksam führen vor Ort. BusinessVillage, Göttingen, 2013.

[ILLI11] Illing, H.: Production is King. Shopfloor Management. In Management und Qualität, 2011, 46; S. 8–10.

[ILLI12] Illing, H.: Shopfloor-Management. Besser führen in der Fabrik. In Management und Qualität, 2012, 47; S. 23–24.

[ILLI13] Illing, H.: Shopfloor-Management. Mentor am Ort der Wertschöpfung. In Management und Qualität, 2013, 43; S. 12–13.

[ISO/13] ISO/IEC: Information technology — Object Management Group Business Process Model and Notation. ISO/IEC 19510:2013(E), 2013.

[JOKO17] Jokovic, B.; Nischwitz, D.; Hertle, C.; König, C.: Entwicklung und Implementierung von arbeitsintegrierten Kompetenzentwicklungsmaßnahmen in produzierenden Unternehmen: 63. Kongress der GfA, 2017.

[JUNG11] Jung, B.; Schweißer, S.; Wappis, J.: 8D und 7STEP. Systematisch Probleme lösen. Carl Hanser Fachbuchverlag, s.l., 2011.

[KAGE12] Kagermann, H.; Wahlster, W.; Helbig, J.: Umsetzungsempfehlungen für das Zukunftsprojekt Industrie 4.0. Abschlussbericht des Arbeitskreises Industrie 4.0, Berlin, 2012.

[KAIL08] Kailer, N.; Stockinger, A.: Kompetenzentwicklung in jungunternehmen und kleinbetrieben. In Wien: ibw-Mitteilungen, 2008, 1; S. 1–13.

[KARP72] Karp, R. M.: Reducibility among combinatorial problems, 1972.

[KAUF06] Kauffeld, S.: Kompetenzen messen, bewerten, entwickeln. Ein prozessanalytischer Ansatz für Gruppen. Schäffer-Poeschel, Stuttgart, 2006.

[KAUF16] Kauffeld, S.: Nachhaltige Personalentwicklung und Weiterbildung. Betriebliche Seminare und Trainings entwickeln, Erfolge messen, Transfer sichern. Springer, Berlin, Heidelberg, 2016.

[KEPN06] Kepner, C. H.; Tregoe, B. B.: The new rational manager. An updated edition for a new world. Princeton Research Press, Princeton, N.J., 2006.

[KERN92] Kern, W.: Industrielle Produktionswirtschaft. Poeschel, Stuttgart, 1992.

[KLUT15] Kluth, A.; Wochinger, T.: MES als Managementinformationssystem. Zur Unterstützung von Wissensmanagement und zur Optimierung von Geschäftsprozessen. In Zeitschrift f. wirtsch. Fabrikbetrieb, 2015, 110; S. 307–310.

[KOCH15] Koch, S.: Einführung in das Management von Geschäftsprozessen. Springer Berlin Heidelberg, Berlin, Heidelberg, 2015.

[KRAL13] Krallmann, H.; Bobrik, A.; Levina, O.: Systemanalyse im Unternehmen. Prozessorientierte Methoden der Wirtschaftsinformatik. Oldenbourg-Verl., München, 2013.

[KRIS07] Krishnan, M.; Srinivasan, A.: How do shop-floor supervisors allocate their time? In International Journal of Production Economics, 2007, 105; S. 97–115.

[KRÜG09] Krüger, W.: Excellence in Change. Springer Fachmedien, Wiesbaden, 2009.

[KUDE13] Kudernatsch, D.: Eine Lean-Kultur im Unternehmen verankern. In wissensmanagement, 2013; S. 48–49.

[KUHL08] Kuhlmann, A. M.; Sauter, W.: Innovative Lernsysteme. Kompetenzentwicklung mit Blended Learning und Social Software. Springer, Berlin, 2008.

[KUPE11] Kuper, H.; Glaab, A.; Albrecht, K.; Böttcher, L.: Arbeitsplatznahe Betriebliche Lernformen. Kompendium, Berlin, 2011.

[KURZ02] Kurz, C.: Innovation und Kompetenzen im Wandel industrieller Organisationsstrukturen. In Mitteilungen aus der Arbeitsmarkt-und Berufsforschung, 2002, 35; S. 601–615.

[KVAL08] Kvale, S.: Interviews. An introduction to qualitative research interviewing. SAGE, London, 2008.

[KVAL09] Kvale, S.; Brinkmann, S.: InterViews. Learning the craft of qualitative research interviewing. SAGE, Los Angeles, 2009.

[LIKE04] Liker, J. K.: The Toyota way. 14 management principles from the world's greatest manufacturer. McGraw-Hill, New York, 2004.

[LIKE06] Liker, J. K.; Meier, D.: The Toyota way fieldbook. A practical guide for implementing Toyota's 4Ps. McGraw-Hill, New York, London, 2006.

[LOWE93] Lowe, J.: Manufacturing reform and the changing role of the production supervisor: The case of the Automobile Industry. In Journal of Management Studies, 1993, 30; S. 739–758.

[LUX10] Lux, W.: Performance Management. Effiziente Strategieentwicklung und -umsetzung. Kohlhammer, Stuttgart, 2010.

[MACD97] MacDuffie, J. P.: The Road to "Root Cause". Shop-Floor Problem-Solving at Three Auto Assembly Plants. In Management Science, 1997, 43; S. 479–502.

[MARC03] Marchwinski, C.; Shook, J.: Lean lexicon. A graphical glossary for lean thinkers. Lean Enterprise Institute, Brookline, Mass, 2003.

[MARS15] Marsick, V. J.; Fassler, K.: Informal and incidental learning in the workplace. Routledge, London, 2015.

[MATT05] Matthäus, W.-G.: Programmierung für Wirtschaftsinformatiker. Vieweg+Teubner Verlag, Wiesbaden, 2005.

[MAYR15] Mayring, P.: Qualitative Inhaltsanalyse. Grundlagen und Techniken. Beltz, Weinheim, 2015.

[METT01] Metternich, J.: Wissen als Grundlage von Wettbewerbsstrategien. Ein Modell zur Analyse und Planung von Wissensstrategien. Zugl.: Darmstadt, Techn. Univ., Diss., 2001. Shaker, Aachen, 2001.

[METT17a] Metternich, J.; Hertle, C.; Tisch, M.; Jokovic, B.; König, C.; Bruder, R.; Weber, C.; Tenberg, R.; Ardelt, T.: Betriebliche Kompetenzentwicklungsansätze zur Weiterentwicklung fachlich-methodischer und sozial-kommunikativer Kompetenzen in produktionsnahen Bereichen. In (Ahrens, D.; Molzberger, G. Hrsg.): Kompetenzentwicklung in analogen und digitalisierten Arbeitswelten. Gestaltung sozialer, organisationaler und technologischer Innovationen. Springer, Berlin, 2017; S. 73–87.

[METT17b] Metternich, J.; Adolph, S.; Hambach, J.; Hertle, C.; Meudt, T.; Wank, A.: Lean 4.0. Durch Digitalisierung die nächste Stufe der Exzellenz erreichen - der Darmstädter Ansatz. In (Lucks, K. Hrsg.): Praxishandbuch Industrie 4.0. Schäffer-Poeschel Verlag, Stuttgart, 2017.

[NICO09] Nicolai, C.: Personalmanagement. Lucius und Lucius, Stuttgart, 2009.

[NIED12] Niedermair, G. Hrsg.: Kompetenzen entwickeln, messen und bewerten. Trauner, Linz, 2012.

[NORT05] North, K.; Reinhardt, K.: Kompetenzmanagement in der Praxis. Mitarbeiterkompetenzen systematisch identifizieren, nutzen und entwickeln. Gabler Verlag, Wiesbaden, 2005.

[OHNO87] Ohno, T.; Kimoto, L. M.: The Toyota production system. Monterey Institute of International Studies, Monterey, Calif, 1987.

[OLFE10] Olfert, K.: Personalwirtschaft. Kiehl, Herne, 2010.

[PELZ96] Pelz, W.: Kompetent führen. ECON, Düsseldorf, 1996.

[PETE09] Peters, R.: Shopfloor Management. Führen am Ort der Wertschöpfung. LOG_X Verlag, Stuttgart, 2009.

[POPP05] Popper, K. R.: Logik der Forschung. Mohr Siebeck, Tübingen, 2005.

[PROß07] Proß, G.; Elsholz, U.: Arbeitsbezogenes Lernen. In (Linderkamp, R. et al. Hrsg.): Arbeitnehmerorientierte Beratung und Weiterbildung. Ein Praxisbuch. Bertelsmann, Bielefeld, 2007; S. 105–123.

[RABE08] Rabe, M.; Spieckermann, S.; Wenzel, S.: Verifikation und Validierung für die Simulation in Produktion und Logistik. Springer Berlin Heidelberg, Berlin, Heidelberg, 2008.

[REFA94] REFA: Ausgewählte Methoden des Arbeitsstudiums. Hanser, München, 1994.

[RIEG11] Riegger, M.: Großer Qualitätssprung durch Shopfloor Management. In MaschinenMarkt, 2011; S. 32–35.

[RIFF13] Riffelmacher, P.: Konzeption einer Lernfabrik für die variantenreiche Montage. Dissertation. Fraunhofer-Verl., Stuttgart, 2013.

[RÖHR09] Röhrle, J.: Der Mensch im ganzheitlichen Produktionssystem. In (Bullinger, H. J. et al. Hrsg.): Handbuch Unternehmensorganisation. Strategien, Planung, Umsetzung. Springer, Berlin, Heidelberg, 2009; S. 586–589.

[ROPO09] Ropohl, G.: Allgemeine Technologie. Eine Systemtheorie der Technik. Univ.-Verl. Karlsruhe, Karlsruhe, 2009.

[ROSE04] Rosenstiel, L.: Rollen in Organisationen aus psychologischer Sicht. In Strategisches Kompetenzmanagement von der Strategie zur Kompetenzentwicklung in der Praxis, 2004; S. 94–113.

[ROTH09] Rother, M.: Die Kata des Weltmarktführers. Toyotas Erfolgsmethoden. Campus-Verl, Frankfurt [am Main], 2009.

[RÖTH17a] Röth, J.; Hertle, C.: Interview 7 zu den Zielen des Shopfloor Managements. Automobilbranche, 2017.

[RÖTH17b] Röth, J.; Hertle, C.: Interview 5 zu den Zielen des Shopfloor Managements. Automobilbranche, 2017.

[RÖTH17c] Röth, J.; Hertle, C.: Interview 3 zu den Zielen des Shopfloor Managements. Medizintechnikbranche, 2017.

[RÖTH17d] Röth, J.; Hertle, C.: Interview 6 zu den Zielen des Shopfloor Managements. Medizintechnikbranche, 2017.

[RÖTH17e] Röth, J.: Studie zu Zielen des Shopfloor Managements. Studienarbeit, Darmstadt, 2017.

[RÖTH17f] Röth, J.; Hertle, C.: Interview 1 zu den Zielen des Shopfloor Managements. Farben- und Lackbranche, 2017.

[SAUT15] Sauter, W.; Staudt, F. P.: Strategisches Kompetenzmanagement 2.0. Potenziale nutzen - Performance steigern. Springer, Wiesbaden, 2015.

[SCHA04] Schaper, N.: Erwerb von Fach-, Methoden- und Sozialkompetenz durch arbeitsbezogenes Lernen in der betrieblichen Ausbildung. In (Wiese, B. Hrsg.): Individuelle Steuerung beruflicher Entwicklung. Kernkompetenzen in der modernen Arbeitswelt. Campus, Frankfurt [am Main], 2004.

[SCHL10] Schlick, C. M.; Luczak, H.; Bruder, R.: Arbeitswissenschaft. Springer, Heidelberg, 2010.

[SCHN12] Schneider, U.; Werner, D. Hrsg.: Taschenbuch der Informatik. Mit 99 Tabellen. Fachbuchverl. Leipzig im Carl Hanser Verl., München, 2012.

[SCHN14] Schnell, R.; Hill, P. B.; Esser, E.: Methoden der empirischen Sozialforschung. Oldenbourg, München, 2014.

[SEKR11] Handreichung für die Erarbeitung von Rahmenlehrplänen der Kultusministerkonferenz für den berufsbezogenen Unterricht in der Berufsschule und ihre Abstimmung mit Ausbildungsordnungen des Bundes für aner-kannte Ausbildungsberufe., Berlin, 2011.

[SONN98] Sonntag, K.: Implementation arbeitsbezogener Lernumgebungen. Konzepte und Umsetzungserfahrungen. Implementation of on-the-job Training Learning Environments - Concepts and Realizations. Beltz Juventa, Weinheim, 1998.

[SPEA04] Spear, S. J.: Learning to lead at Toyota. In Harvard business review on manufacturing excellence at Toyota, 2004.

[STAE99] Staehle, W. H.: Management. Eine verhaltenswissenschaftliche Perspektive. Verlag Franz Vahlen, München, 1999.

[STAN99] Standard, C.; Davis, D.: Running today's factory. A proven strategy for lean manufacturing. Hanser Gardner Publications, Cincinnati, OH, 1999.

[STAU16] STAUFEN AG: Panel-Studie: Lean Management. Ergebnisse für Deutschland, Köngen, 2016.

[STEF13] Steffen, M.; Frye, S.; Deuse, J.: Vielfalt Lernfabrik. Morphologie zu Betreibern, Zielgruppen und Ausstattungen von Lernfabriken im Industrial Engineering. In Werkstatttechnik online, 2013, 103; S. 233–239.

[STRA14] Straub, N.; Hegmanns, T.; Kaczmarek, S.: Betriebliches Kompetenzmanagement für Produktions- und Logistiksysteme der Zukunft. In Zeitschrift f. wirtsch. Fabrikbetrieb, 2014, 109; S. 415–418.

[SUCC01] Succi, G.; Marchesi, M.: Extreme programming examined. Addison-Wesley, Boston, MA, 2001.

[SUZA10] Suzaki, K.: Results from the Heart: How to Instill Commitment from Your Employees By Helping Them to Fully Develop Their Talents. Free Press, 2010.

[SUZA89] Suzaki, K.: Modernes Management im Produktionsbetrieb. Strategien, Techniken, Fallbeispiele. Hanser, München, 1989.

[SUZA93] Suzaki, K.: The new shop floor management. Empowering people for continuous improvement. The Free Press, New York, 1993.

[TANN73] Tannenbaum, R.; Schmidt, W. H.: How to Choose a Leadership Pattern. In HBR, 1973; S. 162–180.

[TENB11] Tenberg, R.: Vermittlung fachlicher und überfachlicher Kompetenzen in technischen Berufen. Theorie Und Praxis Der Technikdidaktik. Franz Steiner Verlag Wiesbaden gmbh, Stuttgart, 2011.

[TISC13] Tisch, M.; Hertle, C.; Cachay, J.; Abele, E.; Metternich, J.; Tenberg, R.: A Systematic Approach on Developing Action-oriented, Competency-based Learning Factories. In Procedia CIRP, 2013, 7; S. 580–585.

[TISC14] Tisch, M.; Adolph, S.; Metternich, J.; Bauernhansl, T.; Reinhart, G.: Innovative Ansätze zur Kompetenzentwicklung für die Produktion der Zukunft. In Zeitschrift f. wirtsch. Fabrikbetrieb, 2014, 109; S. 587–590.

[TISC15] Tisch, M.; Ranz, F.; Abele, E.; Metternich, J.; Hummel, V.: Learning Factory Morphology. Study Of Form And Structure Of An Innovative Learning Approach In The Manufacturing Domain. In The Turkish Online Journal of Educational Technology, 2015; S. 356–363.

[TOYO01] Toyota Motor Corporation: The Toyota Way 2001. http://www.toyota-global.com/company/history_of_toyota/75years/data/conditions/philosophy/toyotaway2001.html, 03.01.2017.

[ULIC13] Ulich, E.: Arbeitssysteme als Soziotechnische Systeme. Eine Erinnerung. In Journal Psychologie des Alltagshandelns / Psychology of Everyday Activity, 2013, 6; S. 4–12.

[VERE12] Verein Deutscher Ingenieure: Ganzheitliche Produktionssysteme. 2870, Blatt 1. Beuth, Berlin, 2012.

[VERE13] Verein Deutscher Ingenieure: Ganzheitliche Produktionssysteme. 2870, Blatt 2. Beuth, Berlin, 2013.

[VOLP74] Volpert, W.: Handlungsstrukturanalyse als Beitrag zur Qualifikationsforschung. Pahl-Rugenstein, Köln, 1974.

[WARN96] Warnecke, H.-J.; Hüser, M.: Die Fraktale Fabrik. Revolution der Unternehmenskultur. Rowohlt, Reinbek bei Hamburg, 1996.

[WATA07] Watanabe, K.; Stewart, T. A.; Raman, A. P.: Lessons from Toyota's long drive. In Harvard business review HBR ; ideas with impact ; published for professional managers, is a programm in executive education of the Graduate School of Business Administration, Harvard University, 2007, 85; S. 74–83.

[WEIN01] Weinert, F. E.: Vergleichende Leistungsmessung in Schulen - eine umstrittene Selbstverständlichkeit. Max-Planck-Institut für psychologische Forschung, München, 2001.

[WEIß15] Weiß, E.; Strubl, C.; Goschy, W.: Lean Management. Grundlagen der Führung und Organisation lernender Unternehmen. Erich Schmidt Verlag, Berlin, 2015.

[WILD95] Wildemann, H.: Lean Management. Methoden, Vorgehensweisen und Wirkungsanalysen - eine empirische Studie aus 20 Unternehmen. TCW Transfer-Centrum, München, 1995.

[WILH13] Wilhelm, O.; Nickolaus, R.: Was grenzt das Kompetenzkonzept von etablierten Kategorien wie Fähigkeit, Fertigkeit oder Intelligenz ab? In ZfE, 2013, 16; S. 23–26.

[WOMA91] Womack, J. P.; Jones, D. T.; Roos, D.: The machine that changed the world. Harper Perennial, New York, 1991.

[WUND07] Wunderer, R.: Führung und Zusammenarbeit. Eine unternehmerische Führungslehre. Luchterhand, Köln, 2007.

[ZÄPF82] Zäpfel, G.: Produktionswirtschaft. Operatives Produktions-Management. de Gruyter, Berlin, 1982.

[ZETM16] Zetmitzsch, G.: Studie zu Anwendungsbereichen von Shopfloor Management Systemen. Master Thesis, Darmstadt, 2016.

[ZÜGE07] Züger, R.-M.: Selbstmanagement - Leadership-Basiskompetenz. Theoretische Grundlagen und Methoden mit Beispielen, Praxisaufgaben, Repetitionsfragen und Antworten. Compendio Bildungsmedien, Zürich, 2007.

A Anhang

A.1 Interviewleitfaden zur Validierung des Modells Teil Ia

Der folgende Interviewleitfaden ist mit Änderungen übernommen aus [RÖTH17e].

Allgemeine Informationen

- Datum und Uhrzeit
- Unternehmen (Unternehmensgröße)
- Gesprächspartner
- Bereich/Funktion
- Akademische und berufliche Laufbahn

Einstiegsfragen

- Wann haben Sie sich zum ersten Mal mit dem Thema Shopfloor Management beschäftigt?
- Was verstehen Sie unter Shopfloor Management?

Hauptteil

- Ist diese Klassifizierung der Zieldimensionen des Shopfloor Management vollständig?
    - Welche Punkte fehlen bei der Zieldimension „Prozessausführung"?
    - Welche Punkte fehlen bei der Zieldimension „Prozessverbesserung"?
    - Welche Punkte fehlen bei der Zieldimension „Mitarbeiterentwicklung"?
- Sind die Zieldimensionen relevant für die Praxis?
    - Wie schätzen Sie die Relevanz der Zieldimension „Prozessausführung" ein?
    - Wie schätzen Sie die Relevanz der Zieldimension „Prozessverbesserung" ein?

- Wie schätzen Sie die Relevanz der Zieldimension „Mitarbeiterentwicklung“ ein?

- Sind die klassifizierten Ziele des Shopfloor Managements für die praktische Umsetzung der Methode Shopfloor Management sinnvoll und praktikabel?
  - Für wie sinnvoll und praktikabel in der praktischen Umsetzung schätzen Sie die Zieldimension „Prozessausführung“ ein?
  - Für wie sinnvoll und praktikabel in der praktischen Umsetzung schätzen Sie die Zieldimension „Prozessverbesserung“ ein?
  - Für wie sinnvoll und praktikabel in der praktischen Umsetzung schätzen Sie die Zieldimension „Mitarbeiterentwicklung“ ein?

Schlussteil

- Bevor wir schließen, möchten wir gerne wissen, ob aus Ihrer Sicht eine wichtige Frage ungestellt blieb? Ist Ihnen während des Interviews ein offener Punkt aufgefallen, den wir beachten sollten?

A.2 Interviewleitfaden zur Validierung des Modells Teil Ib

Allgemeine Informationen

- Datum/Uhrzeit
- Unternehmen
- Gesprächspartner
- Funktion

Hauptteil

- Ist das Modell für ein Shopfloor Management System zur zielgerichteten, systematischen Kompetenzentwicklung relevant für die Praxis?
- Ist die im Modell beschriebene Vorgehensweise sinnvoll und praktikabel für die involvierten Zielgruppen?
- Wird die im Modell beschriebene Kompetenzentwicklung durch systematische Problemlösung als sinnvoll und praktikabel erachtet?

- Werden die Voraussetzungen für die Umsetzung des Modells als praktikabel erachtet?

A.3 Interviewleitfaden zur Validierung des Modells Teil II

Allgemeine Informationen

- Datum/Uhrzeit
- Unternehmen
- Gesprächspartner
- Funktion

Validierung des Modells für ein Shopfloor Management System zur zielgerichteten, systematischen Kompetenzentwicklung

// Modell zeigen und vorstellen, inkl. Zielgruppen und Voraussetzungen //

- Ist das Modell für ein Shopfloor Management System zur zielgerichteten, systematischen Kompetenzentwicklung relevant für die Praxis?
- Ist die im Modell beschriebene Vorgehensweise sinnvoll und praktikabel für die involvierten Zielgruppen?
- Wird die im Modell beschriebene Kompetenzentwicklung durch systematische Problemlösung als sinnvoll und praktikabel erachtet?
- Werden die Voraussetzungen für die Umsetzung des Modells als praktikabel erachtet?

A.4 Interviewleitfaden zur Validierung der Methode

Ziel des Interviews ist es, die entwickelte Methode zur systematischen Zuordnung von Problemen im Rahmen des Shopfloor Managements zu evaluieren.

1 Einschätzung der Methode

// Vorstellung der Methode zur systematischen Zuordnung von Kompetenzen //

- Was halten Sie von der Methode? Ist das 3-Schritt-Vorgehen aus Ihrer Sicht verständlich?
- Ist die Methode relevant für die Praxis?

- Ist die in der Methode beschriebene Vorgehensweise sinnvoll und praktikabel für die involvierten Zielgruppen?
- Halten Sie die beschriebene Methode für ein wirksames Vorgehen hinsichtlich des Ziels der systematischen Kompetenzentwicklung in der Produktion?
- Halten Sie die beschriebene Methode für Integrierbar in die täglichen Abläufe einer Produktion?
- Fehlen Ihnen Elemente/ Vorgehensweisen in der Methode?

2 Systematische Zuordnung von Problemen und Beschäftigten

// Vorstellung der digitalen Umsetzung des Teilprozessschritts //

- Ist das Vorgehen im Teilprozessschritt 4.1.3.3 schlüssig für Sie?
- Halten Sie die Umsetzung der Methode in einem Excel-Tool für sinnvoll und praktikabel für die involvierten Zielgruppen?
- Halten Sie das beschriebene Vorgehen für Effizient bzgl. der gewünschten Zielerreichung?
- Halten Sie das beschriebene Vorgehen für Integrierbar in die täglichen Abläufe einer Produktion?
- Fehlen Ihnen Elemente/ Vorgehensweisen im Teilprozessschritt?

Wir danken Ihnen für das Gespräch!

A.5 Lebenslauf des Autors

Persönliche Daten

Name:	Christian Alexander Hertle
Geburtsdatum/ -ort:	16.08.1987 in Langen (Hessen)
Staatsangehörigkeit:	deutsch

Berufserfahrung

06/2016 – heute	Technische Universität Darmstadt Institut für Produktionsmanagement, Technologie und Werkzeugmaschinen Gruppenleiter, Forschungsgruppe Center für industrielle Produktivität
06/2012 – 05/2016	Technische Universität Darmstadt Institut für Produktionsmanagement, Technologie und Werkzeugmaschinen Wissenschaftlicher Mitarbeiter, Forschungsgruppe Center für industrielle Produktivität

Praktika und Abschlussarbeiten

10/2011 – 04/2012	Lufthansa Technik Maintenance International GmbH, Frankfurt Master Thesis
10/2010 – 01/2011	Porsche Consulting GmbH, Bietigheim-Bissingen Projektpraktikum (Beratung)
08/2006 – 09/2006	Gesellschaft für Schwerionenforschung mbH, Darmstadt Fachpraktikum (Konstruktion)

Ausbildung

10/2009 – 05/2012	Technische Universität Darmstadt Master of Science, Mechanical and Process Engineering (Maschinenbau)
08/2009 – 05/2010	University of California, Berkeley, USA Jahresstipendiat des DAAD am Department of Mechanical Engineering
10/2006 – 09/2009	Technische Universität Darmstadt Bachelor of Science, Mechanical and Process Engineering (Maschinenbau)
08/1997 – 06/2006	Gymnasium Dreieichschule Langen Allgemeine Hochschulreife